高等学校设计+人工智能（AI for Design）系列教材

人工智能设计概论

董占军 主编
顾群业 李广福 王亚楠 副主编

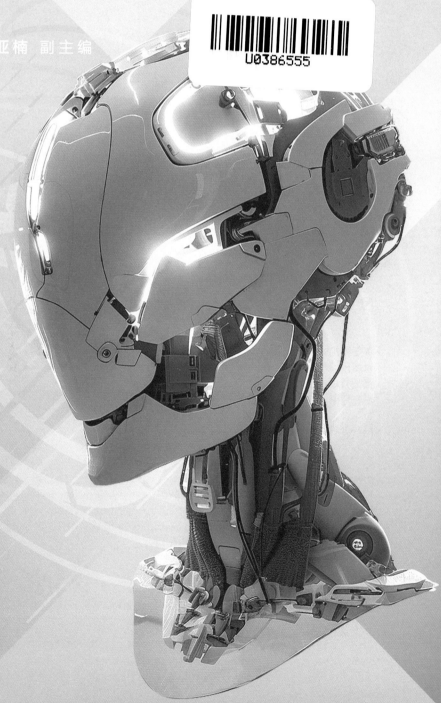

清华大学出版社
北京

内 容 简 介

本书深入探讨了人工智能与艺术设计融合的理论与应用实践。本书采用跨学科视角，深入剖析人工智能在设计领域的基础理论与应用实践，揭示了 AI 赋能设计创新的内在逻辑与实现机制。本书精心编排了 6 个章节，不仅涵盖了 AI 赋能设计的基础知识与前沿技术，还融入了伦理、社会等多维度的深入分析，全面展现了设计学科在智能化浪潮中的革新与进步。本书旨在培养读者的批判性思维与前瞻性视角，激发其在设计实践中的创新潜力，同时为设计教育与实践领域提供丰富的学术资源与实用的操作指南。

本书适合作为高等院校、职业院校设计类专业的通识课教材。同时，本书不仅是一本教材，更是一把开启创意设计新世界的钥匙，能帮助艺术设计相关专业学生、行业从业者和 AI 爱好者迎接设计生态的挑战与转型。

本书封面贴有清华大学出版社防伪标签，无标签者不得销售。

版权所有，侵权必究。举报：010-62782989，beiqinquan@tup.tsinghua.edu.cn。

图书在版编目（CIP）数据

人工智能设计概论 / 董占军主编 . -- 北京：清华
大学出版社，2024. 8. -- (高等学校设计 ＋ 人工智能（AI
for Design）系列教材). -- ISBN 978-7-302-67152-7

Ⅰ. TP18

中国国家版本馆 CIP 数据核字第 2024KB1535 号

责任编辑：田在儒
封面设计：张培源　姜　晓
责任校对：李　梅
责任印制：丛怀宇

出版发行：清华大学出版社
　　　　　网　　　址：https://www.tup.com.cn，https://www.wqxuetang.com
　　　　　地　　　址：北京清华大学学研大厦A座　　　　邮　　编：100084
　　　　　社 总 机：010-83470000　　　　　　　　　　　邮　　购：010-62786544
　　　　　投稿与读者服务：010-62776969，c-service@tup.tsinghua.edu.cn
　　　　　质量反馈：010-62772015，zhiliang@tup.tsinghua.edu.cn
　　　　　课件下载：https://www.tup.com.cn，010-83470410
印 装 者：北京联兴盛业印刷股份有限公司
经　　销：全国新华书店
开　　本：185mm×260mm　　　　印　　张：9.25　　　　字　　数：211千字
版　　次：2024年9月第1版　　　　　　　　　　　　　印　　次：2024年9月第1次印刷
定　　价：59.00元

产品编号：107124-01

丛书编委会

主　编

　　董占军

副主编

　　顾群业　孙　为　张　博　贺俊波

执行主编

　　张光帅　黄晓曼

评审委员（排名不分先后）

　　潘鲁生　黄心渊　李朝阳　王　伟　陈赞蔚

　　田少煦　王亦飞　蔡新元　费　俊　史　纲

编委成员（按姓氏笔画排序）

王　博	王亚楠	王志豪	王所玲	王晓慧	王凌轩	王颖惠
方　媛	邓　晰	卢　俊	卢晓梦	田　阔	丛海亮	冯　琳
冯秀彬	冯裕良	朱小杰	任　泽	刘　琳	刘庆海	刘海杨
牟　琳	牟堂娟	孙　坚	严宝平	杨　奥	李　杨	李　娜
李　婵	李广福	李珏茹	李润博	轩书科	肖月宁	吴　延
何　俊	闵媛媛	宋　鲁	张　牧	张　奕	张　恒	张丽丽
张牧欣	张培源	张雯琪	张阔麒	陈　浩	陈刘芳	陈美西
郑　帅	郑杰辉	孟祥敏	郝文远	荣　蓉	俞杰星	姜　亮
骆顺华	高　凯	高明武	唐杰晓	唐俊淑	康军雁	董　萍
韩　明	韩宝燕	温星怡	谢世煊	甄晶莹	窦培菘	谭鲁杰
颜　勇	戴敏宏					

策划编辑

　　田在儒

本书编委会

主　编

　　董占军

副主编

　　顾群业　李广福　王亚楠

编委成员

　　孟祥敏　　王瑞霞　　轩书科　　王志强

　　傅连伟　　李　杨　　王中宇　　徐文玉

| 丛书序 |

生成式人工智能技术的飞速发展，正在深刻地重塑设计产业与设计教育的面貌。2024年（甲辰龙年）初春，由山东工艺美术学院联合全国二十余所高等学府精心打造的"高等学校设计＋人工智能（AI for Design）系列教材"应运而生。

本系列教材旨在培养具有创新意识与探索精神的设计人才，推动设计学科的可持续发展。本套教材由山东工艺美术学院牵头，汇聚了五十余位设计教育一线的专家学者，他们不仅在学术界有着深厚的造诣，在实践中亦积累了丰富的经验，确保了教材内容的权威性、专业性及前瞻性。

本系列教材涵盖了《人工智能导论》《人工智能设计概论》等通识课教材和《AIGC美宣设计》《AIGC动画角色设计》《AIGC游戏场景设计》《AIGC工艺美术》等多个设计领域的专业课教材，为设计专业学生、教师及对AI在设计领域应用感兴趣的专业人士，提供全面且深入的学习指导。教材内容不仅聚焦于AI技术如何提升设计效率，更着眼于其如何激发创意潜能，引领设计教育的革命性变革。

当下的设计教育强调数据驱动、跨领域融合、智能化协同，以及可持续和社会化。本系列教材充分吸纳了这些理念，进一步推进设计思维与人工智能、虚拟现实等技术平台的融合，探索数字化、个性化、定制化的设计实践。

设计学科的发展要积极把握时代机遇、直面挑战，聚焦行业需求，探索多学科、多领域的交叉融合。因此，我们持续加大对人工智能与设计学科交叉领域的研究力度，为未来的设计教育提供理论及实践支持。

我们相信，在智能时代，设计学科将迎来更加广阔的发展空间，为人类创造更加美好的生活和未来。在这样的时代背景下，人工智能正在重新定义"核心素养"，其中批判性思维水平将成为最重要的核心胜任力。本系列教材强调批判性思维的培养，确保学生不仅掌握生成式AI技术，更要具备运用这些技术进行创新和批判性分析的能力。正因如此，本系列教材将在设计教育中占有重要地位并发挥引领作用。

通过本系列教材的学习和实践，读者将把握时代脉搏，以设计为驱动力，共同迎接充满无限可能的元宇宙。

董占军
2024年3月

在数字化教育的宏伟征程中，人工智能的赋能被视为教育革新的关键驱动力。早在2019年，习近平总书记在致国际人工智能与教育大会的贺信中就指出"中国高度重视人工智能对教育的深刻影响，积极推动人工智能和教育深度融合，促进教育变革创新"。人工智能作为引领新一轮科技革命和产业变革的战略性技术，其所催生的新技术、新业态，为教育数字化及教育创新带来更多可能。

如果说工业革命机器解放了人的双手，让设计成为独立的部门，催生了专门的设计专业，那么人工智能则进一步释放了我们的创造力，赋予设计前所未有的解决问题的能力。设计作为技术与艺术的结晶，始终与技术的发展紧密相连。

山东工艺美术学院作为目前国内独立设置的公办艺术院校中唯一一所设计类大学，紧跟国家政策，以培育适应数字经济时代的创新型设计人才为己任，积极推动人工智能与设计教育深度融合。积极筹划和实施一系列创新项目和教学改革措施，实现人工智能与设计教育的双向赋能。在对设计产业的广泛调研基础上，学院印发了《全面推动人工智能赋能专业建设实施意见》，启动"AI for Design：人工智能赋能专业建设"的教学改革。我们设立了"人工智能设计研究中心""计算机与人工智能教研室"及"人工智能创意产业学院"，以产教融合、学科交叉为切入点，探索"人工智能＋设计教育"的新模式、新技术、新方法，推动生成式人工智能在教育领域落地，推进设计学科在教育内容和育人方式两个层面的数字化转型；建设山东省人工智能设计服务平台"天工开物"，提供面向全省设计艺术专业师生的，涵盖教育、研究和产业应用的综合性人工智能服务；构建以人工智能赋能专业建设为核心的实践教学体系，依托校内人工智能设计算力平台，推进 AI 技术与专业课程深度融合。同时，组建跨学科师资团队，指导学生开展项目化创作，涵盖 AIGC＋影视、AIGC＋服装、AIGC＋建筑设计、AIGC＋造型艺术等多个领域。

在这一背景下，编写一套面向设计类专业的"人工智能＋"教材显得尤为重要。为此，山东工艺美术学院携手清华大学出版社，精心策划编写了"高等学校设计 + 人工智能（AI for Design）系列教材"，力求通过深入浅出的内容编排与实践案例分析，将抽象的人工智能概念转化为设计师手中的实用工具，激发学生的创造性思维，培养他们利用 AI 技术解决复杂设计问题的能力。

《人工智能设计概论》作为该系列的通识课教材，承担着引领读者走入人工智能设计领域的重任。为设计专业的学生提供了一个全面了解人工智能在设计领域应用的窗口，也为设计师和对 AI 设计感兴趣的广大读者提供了一个学习平台。我们期望通过本书的学习，读者能够深入了解和掌握 AI 设计的相关知识和基础技能，从科学的角度审视人工智能与设计的融合发展，并激发对这一跨学科领域的兴趣和热情。

感谢无界 AI 与"天工开物"大模型平台的鼎力支持，本书中的 AI 生成图像均源自这两大服务平台。

本书提供的教学素材，可以通过扫描下方二维码获取。

编　者
2024 年 5 月

教学素材

|目 录|

第 1 章

绪　　论

1.1　人工智能设计概述

在科技发展日新月异的今天，人工智能（artificial intelligence，AI）以其深刻的渗透力，全面触及社会各个领域，并不断拓宽我们的认知边界，为生活与工作各个层面带来前所未有的高效与便捷。从引领围棋革命的 AlphaGo，到如今人工智能在绘画艺术领域的应用崛起，再到 ChatGPT 这样的革新交互体验的对话生成工具，这些技术的飞速发展共同催生了生成式人工智能（artificial intelligence generated content，AIGC）的热潮。尤为值得关注的是创意设计领域，作为与日常生活紧密交织的重要一环，无论是家居用品、交通工具的设计创新，还是服装时尚与电子产品的迭代升级，人工智能的身影无处不在。它已经从最初的辅助工具角色，逐步进化为拓展设计思维和推动实践创新的核心驱动力量。人工智能设计应运而生，作为一种新的设计方式，它拓展了设计思维在社会各领域的可实现路径，促进了设计的概念延展、观念创新和产业转型，深度地重塑着未来设计的边界、范畴和方法。

1.1.1　人工智能设计术语

人工智能设计是一种运用人工智能技术实现设计过程的新型设计模式。在该模式下，机器学习、深度学习等技术被广泛应用，以实现设计过程的自动化、智能化和持续优化。相较于传统设计，人工智能设计的创意产生、创作主体、创作方法及对设计师的素养要求等方面有巨大不同：传统设计的创意主要来自设计师的灵感和思想，而人工智能设计则更注重通过模型算法的生成来启发灵感和思路；传统设计的创作主体是人类设计师，而人工智能设计的创作主体则是人类思维引导下的模型和算法；传统设计的创作方法通常基于手工制作或者计算机辅助完成，而人工智能设计则需要通过编程和算法来实现；传统设计的设计师需要具备较高的艺术素养和专业技能，而人工智能设计的设计师则需要具备计算机科学、信息科学等学科知识，并能够灵活运用各种模型和算法。

随着人工智能的快速发展，人工智能设计已成为设计领域的一个重要分支。借助人工智能技术，设计师可以更快速、更智能地生成创意、优化设计方案。目前为人熟知的 Midjourney、Stable Diffusion、DALL-E、Pika 及 Runway 等生成式人工智能工具，在艺术设计领域都得到了广泛应用，其背后的模型和算法快速迭代，文生图、图生图、文生视频功能不断优化，在理解力、光影、构图、材质、色彩等细节方面的处理上愈加成熟，人工智能技术正不断融入设计工作流程，新的生产方式和产业模式正在形成。

Midjourney 于 2022 年 3 月首次亮相，迅速成为广为人知的 AI 绘图工具。由于它的稳定性、高质量且注重细节，很快引起设计师的广泛关注并成为应用最多的 AI 绘图工具。当年 8 月 Midjourney 迭代到 V3 版本，2023 年 12 月推出数据源和算法显著改进的 V6 版本，生成图像细节更加丰富、光影效果刻画更为逼真。用同样的关键词（prompt）测试 Midjourney V5.2 和 V6 版本，对比非常明显，如图 1-1 和图 1-2 所示。

2022 年 11 月，ChatGPT 横空出世，以史上最快速度收获上亿活跃用户。它所依赖的大模型技术也像一股"冲击波"，从 AI 领域出发延伸到整个社会层面，并且开始从商业角度为各行各业赋能，文本和图像两个领域迎来了大模型的"井喷"。在图像领域，

图 1-1
Midjourney V5.2 版本生成效果

图 1-2
Midjourney V6 版本生成效果

Midjourney 和 Stable Diffusion 并驾齐驱，引领行业风潮；在文本领域，国外的 NewBing、Claude、Meta Llama、斯坦福的 AIpaca，国内的智谱 AI 和清华大学 KEG 实验室联合发布的 ChatGLM、复旦的 MOSS、百度的文心一言、阿里的通义千问、华为的盘古、讯飞星火、商汤科技的日日新等百舸争流，呈现出百花齐放的勃勃生机，人工智能行业进入到以大模型为代表的快速发展阶段。随着深度学习模型技术的不断创新，以庞大的训练数据为支撑，生成式人工智能预训练大模型实现了内容的快速稳定生成。

在创意辅助上，利用先进算法、深度学习等技术，设计师可以通过模型遴选和精准的参数调控，创造出独特的视觉设计作品。这一过程突破了传统艺术设计形式的限制，将计算科学的理性逻辑与艺术设计的感性灵魂紧密结合，从而激发设计师的创意和灵感。如图 1-3 和图 1-4 所示为人工智能绘画工具创作的不同艺术风格作品。

在设计创作上，人工智能技术可以帮助设计师更好地体现设计理念。AI 可以根据设计师的草图或想法自动生成多种设计方案，为设计师提供更多灵感和选择，使设计师能够更专注于创造和创新，从而提高设计的效率和质量，如图 1-5 所示。

图 1-3
极简主义风格的产品摄影作品

图 1-4
浪漫主义风格的产品摄影作品

图 1-5
AI 绘画技术为图像上色

人工智能不仅为艺术创作带来了新的设计方法和工具，还为设计师提供了更多的创作空间和可能性。随着人工智能技术不断发展和创新，我们期待在未来看到更加智能、人性化和可持续的人机协同设计范式。

1.1.2　设计的历史脉络和演进

设计的演进轨迹犹如一部人类文明与技术创新交织的编年史，映射出各个时代的核心特征。让我们沿着历史长河，逐一剖析设计演进历程中的几个关键节点。

1. 农耕时代的传统设计

农耕时代的传统设计依赖设计师的手工技能和经验，并引领促进了农耕文明。在农耕社会的悠远岁月里，设计以其原初形态植根于工匠的手工技艺与生活智慧。设计师兼工匠凭借世代传承的技艺和对自然材料的深刻理解，创造出与环境和谐共生、满足基本生存需求的产品。他们的设计实践不仅依赖娴熟的手工技能，更仰仗长期实践后积淀的经验，这种朴素而直观的设计模式构筑了人类早期物质文化的基石。

2. 工业时代的近现代设计

机器生产的大规模应用颠覆了传统的手工制作方式，设计与工业化生产体系紧密融合，设计师的工作也随之发生了深刻的转变。他们不再仅限于亲自动手制作，而是通过精确绘制图纸，并借助计算机辅助设计（computer aided design，CAD）软件，将设计理念转化为标准化、规模化生产的蓝图。这种转变极大地提升了设计的效率与精度，使得复杂、精密的产品得以迅速面世，推动了工业社会的繁荣与发展。

3. 全球网络时代的设计

互联网技术的飞速发展促使设计领域步入协同创新阶段，设计不再孤立于封闭的工作室，而是嵌入到庞大的数据网络与协作平台中。设计师依托网络协同创新，利用大数据分析、洞悉用户行为与市场需求，开展深度的用户研究，进而融入交互设计、用户体验设计、服务设计及可持续性设计等多元化的知识体系。

4. 智能时代的创意设计

如今，我们面临着人工智能技术给设计领域带来的深刻变革。一方面，AI作为高效的设计工具，可以助力设计师进行快速的原型制作、方案优化与效果模拟，如图1-6所示为运用AIGC技术设计的富含中华传统民艺元素的游戏角色。另一方面，AI以其强大的学习与创新能力，逐步参与到设计思维的前端——灵感激发、概念生成与方案优选中。例如，网易云音乐AI音乐实验室可一站式完成一首音乐的制作，涉及作词、作曲、编曲、录音、混音等环节，并提供歌曲风格、歌声、节奏、歌词等修改及选择，如图1-7所示。这一趋势使设计行业在数字化、智能化及自动化等多维度实现了跃升，全面提升了设计的效率与质量，同时鼓励设计师探索更前沿、更具颠覆性的创新路径。

回顾历史，人工智能与艺术设计的融合可追溯至20世纪中叶。

图 1-6（上）
游戏角色设计（AIGC 赋能传统民艺）：山东工艺美术学院课程作业（王晚儿）

图 1-7（下）
一站式 AI 音乐创作平台：网易云音乐 AI 音乐实验室

1966 年，一个名为艺术与技术实验（Experiments in Art and Technology，E.A.T）的非营利组织成立，创始人为贝尔实验室的电气工程师 Billy Klüver、Fred Waldhauer、知名波普艺术家 Robert Rauschenberg 及艺术家 Robert Whitman，创建的初衷是搭建工程师和艺术家之间的桥梁，促进双方交流与合作。短短几年间就吸引了超过 2000 名工程师和约2000 名艺术家加入。

1980 年，麻省理工学院成立媒体实验室，进行科技、媒体、艺术和设计等多学科交叉融合的跨学科研究，致力于"创造一个更美好的未来"。该机构研究了很多具有前瞻性的项目，如可穿戴式计算机、智能家居以及便携式激光投影仪等。

20 世纪 90 年代，隶属施乐公司的帕洛阿尔托研究中心启动了一项著名的驻场艺术家计划。该计划邀请了众多艺术家，鼓励他们利用新媒体技术进行创新，并与研究中心科研人员建立紧密的合作关系。这场跨界合作不仅催生了一批独特的艺术作品，更为技术创新注入了新的灵感和突破。

2009 年，科学家李飞飞带领团队开发了开源的图像识别数据库——ImageNet，这是一个包含数百万张图像的大规模数据集，涵盖各种不同的类别和场景。他们提出的深度学习方法显著提高了图像分类和识别的准确率，推动了计算视觉的发展，并为后续的图像分类、目标检测及物体识别等任务奠定了重要基础。2014 年，生成式对抗网络（generative adversarial networks，GAN）的神经网络结构被设计出来。2015 年，Google 发布并开源了一款基于人工神经网络的图像识别和绘画生成工具 DeepDream，它可以将图片输入神经网络，通过对图片进行特征提取和处理，生成颇具迷幻效果的"梦境图像"。2021 年，扩散模型的诞生为设计师提供了更加精确控制作品风格和特征的能力。

从历史角度观察，重大的科学革命通常会与重要的艺术时期在时间上吻合，如文艺复兴、工业革命和现代主义运动等。在这些时期，科技的进步不仅推动了社会的发展，也为艺术家提供了新的创作工具和表达方式。文艺复兴时期，透视学的发现为绘画带来了三维立体的效果；而在工业革命时期，机械和动力技术的发展催生了现代雕塑的出现。如图 1-8 所示，艺术家亚历山大·考尔德以科学动能和物理学原理为基础创造了动态雕塑。

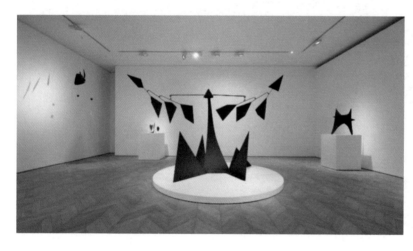

图 1-8
亚历山大·考尔德的动态
雕塑作品

1.1.3　人工智能与设计融合创新

人工智能与艺术设计都追求创新和优化，它们的融合是一个不断发展和演进的过程。随着技术进步和观念更新，人工智能与艺术设计的关系持续深化。从设计思维到实际应用再到未来的发展潜力，人工智能技术特别是机器学习和深度学习技术，为设计领域带来了许多应用和影响。以下介绍 4 个人工智能与设计融合创新的应用案例。

1.《太空歌剧院》——首个获奖的 AI 生成绘画作品

游戏设计师杰森·艾伦使用 AI 绘图工具 Midjourney 模型生成、经 Photoshop 润色完成了一幅名为《太空歌剧院》的画作，如图 1-9 所示。2022 年 8 月，该作品在美国科罗拉多州的艺术博览会上获得数字艺术类别冠军，成为首个获奖的 AI 生成绘画作品。

2. AIFW——全球首届 AI 时装周

2023 年 4 月，全球首届 AI 时装周（AI fashion week，AIFW）在纽约举行，吸引了来自世界各地的 400 多名设计师参加。整个时装周的所有视觉元素，从舞台布景到观众后台乃至模特展示的每一件服装，均为设计师利用 AI 技术制作而成。近七成设计师选择使用 Midjourney 来生成他们的服装设计概念。设计师通过输入详尽且精准的文本提示，不仅细致地刻画了服饰本身的结构、材质和装饰细节，还延伸至与之相配的周边环境及具体场景设定，确保每一款设计都能在保持美学主题连贯性的同时呈现多样而独特的造型，如图 1-10 所示。

图 1-9（左）
杰森·艾伦使用 Midjourney 创作的《太空歌剧院》

图 1-10（右）
AIFW 时装作品

3. Sora——文生视频大模型发展里程碑

2024 年 2 月，人工智能研究公司 OpenAI 发布文生视频大模型 Sora，引起行业内轰动。在此之前，全球已有多款产品可以实现文生视频，包括 Runway、Stable Video Diffusion、Pika 等，而 Sora 不仅能将生成视频的时长延长至 60 秒，还提升了视频质量的稳定性，基本可以做到一镜到底。OpenAI 的官方演示视频展示了一位时尚女性穿梭于繁华的东京街头，背景建筑、街道及人物形象的逼真程度保持一致，没有出现明显的失真情况，如图 1-11 所示。

4.《Our T2 Remake》——全球首部 AI 长篇电影

2024 年 3 月，全球首部 AI 生成长篇电影《Our T2 Remake》在洛杉矶举行线下首映礼。该片翻拍自电影《终结者 2》，由 50 位 AI 电影艺术家利用 Midjourney、Runway、Pika、Kaiber、Eleven Labs、ComfyUi、Adobe 等多个 AIGC 工具进行创作，通过调整提示词来完成画面和模型的生成，如图 1-12 所示。该片长达 90 分钟，没有使用原电影中的任何镜头、对话或音乐，所有内容均为 AI 创作。

图 1-11
Sora 生成的视频截图

图 1-12
《Our T2 Remake》剧照

1.2　人工智能设计引发的思考

　　人工智能以其在文字、语音、图像、视频等各类信息等自动挖掘和处理方面具备的强大能力，一面拓宽人类行为与效率的边界，一面逐步代替那些重复性、原本需要人类亲自完成的工作。一直以来与科技紧密联系的设计产业必然会受到人工智能发展的巨大影响。

　　在智能时代，设计师可以利用人工智能模型获得设计灵感，或者利用人工智能的自动化设计工具来加速设计过程，这种协同模式既可以激发设计师的创造性和创新能力，又可以借助人工智能的优势提高设计的效率和质量。为了更好地理解人工智能和设计之间的关系，让人工智能为设计所用，设计师需要涉猎一些跨学科领域的知识（如计算机类、信息类），还要具备一定的技术能力，了解人工智能的基本原理与研究分支，了解人工智能如何在深度学习、迁移学习和强化学习的帮助下拥有记忆思考乃至认知能力，如何在机器视觉、自然语言处理等技术的帮助下拥有输入与输出能力。

　　人工智能研究分支领域如图 1-13 所示。

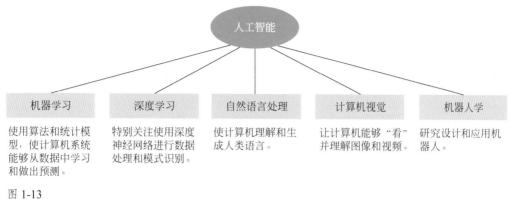

图 1-13
人工智能研究分支领域

韩国釜山大学的一项对比研究指出，人类设计与人工
智能设计之间最大的区别在于人类设计的独特性和原创性。
人工智能的基础要素是数据、算力及算法，如图 1-14 所示。
人工智能的优势在于能够在短时间内基于大量的数据进行
学习和训练，按照人类设定的目标完成算法模型构建，进
而通过算法模型和特定输入生成设计作品。而设计师的工
作包括为数据设规则、做筛选和迭代，最终成品是人脑思
维和引导的产物。目前，人类仍然是艺术设计作品的原创
核心，但随着科技的不断发展，人工智能自身也在不断迭

图 1-14
人工智能三大基础要素

代和深化。未来，人工智能在人类创意设计工作中的参与程度将不断加深，展现出无尽的
可能性。

　　未来人工智能与设计的研究方向将涵盖如何提高人工智能的设计创造力、如何实现个
性化的人工智能设计及如何解决人工智能设计的伦理问题等。通过深入研究和实践探索，
我们希望开创一个更加美好的未来，共同创造更加智能、可持续和有意义的用户体验。

1.2.1　人工智能设计带来的挑战和机遇

　　人工智能设计的技术变革为设计创作带来了巨大的冲击，也带来了更多的可能性。

1. 挑战

　　人工智能在设计和创意领域的应用，使得一些传统的设计任务逐渐被机器取代，但在
生成创意性设计方面仍然存在局限性。尽管 AI 可以模仿和学习某些创意模式，但它很难
像人类设计师那样产生全新的、有创造力的想法。设计师需要不断学习和适应新技术，重
新思考自己的角色和价值、如何保持设计的独特性和创新性、如何平衡人机关系并充分发
挥人工智能的辅助作用，以获得更好的设计成果等。人工智能为设计创作带来的一些挑战
如图 1-15 所示。

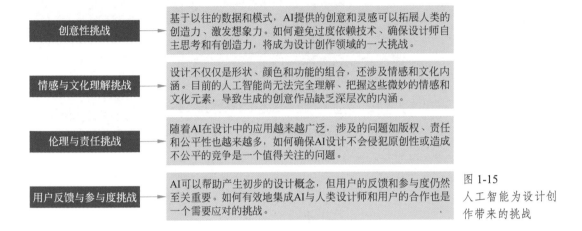

图 1-15
人工智能为设计创
作带来的挑战

2. 机遇

此外，人工智能也为设计创作带来了诸多机遇，主要包括如图 1-16 所示的几个方面。Hack Rod 创始人兼创意总监 Mouse McCoy 曾说："当你开始加入人工智能和机器学习时，就像有 1000 名工程师为你工作，而所花的时间仅是曾经的一小部分，你能以无与伦比的速度来决定你的最终产品。"对设计师而言，具备掌握人工智能的能力和知识、引入人工智能辅助设计、理解和掌握 AI 技术是未来的必备技能。

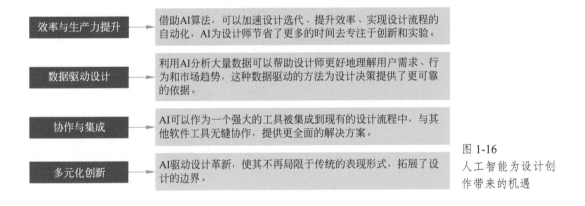

图 1-16
人工智能为设计创
作带来的机遇

在人工智能的时代背景下，人工智能降低了设计门槛，设计领域的发展方向和设计人才需求正在发生深刻的变化。对于新型设计师而言，拥有跨学科知识和创新创意思维显得尤为重要。

1.2.2　人工智能设计的应用和价值

设计随着时代的演进而不断演变。在农业和工业时代，设计主要关注实用性和生产效率。设计师需要考虑如何将材料、工艺和生产流程等因素融入产品中，以实现产品的实用性和美观性。同时，由于技术和资源的限制，设计师还需要考虑如何优化生产过程，以提高生产效率和降低成本。随着人工智能时代的到来，设计领域迎来了无限的可能性和前所未有的复杂性。设计的概念和范围不断扩展，不仅包括传统的工业设计、平面设计和服装设计等领域，还涵盖了数据科学、算法设计及交互设计等新兴领域。这些领域相互交叉、相互影响，形成了一种综合性的设计思维，同时也孕育了众多新的术语。

1. 人工智能设计相关术语

（1）生成式设计：基于算法和计算机模型的一种设计方法，它利用计算机程序来高效生成多种产品设计方案，便于设计师选择最优者和进一步细致优化、缩短设计周期。生成式设计有助于设计师发掘在传统设计思维下难以构想的创新方案，显著提升设计的效率与品质。

（2）多模态交互：通过综合运用语音识别与合成、图像识别、手势识别、面部表情分析和环境感知等技术，模拟和增强人们在真实世界中的多感官交流体验。这种交互模式超越了传统的单一模式（如仅依赖键盘和鼠标），目的在于为人们提供更加直观、智能和沉浸式的互动体验，广泛应用于智能机器人、虚拟现实、增强现实、智能家居及其他智能设备中。

（3）数字藏品：指使用区块链技术，对应特定的作品、艺术品生成的唯一数字凭证。在保护其数字版权的基础上，数字藏品可以实现真实可信的数字化发行、购买、收藏及使用。每个数字藏品都代表一件特定的作品、艺术品或商品的数字复制品，具有唯一性、真实性和永久性，并且不能被篡改、分离或代替。

（4）图像识别：指利用计算机视觉技术分析和处理数字图像，以识别并理解图像中的场景、对象等元素的过程。其核心在于运用深度学习等算法解析图像的像素数据，提取特征，然后将其与预设模板进行匹配，从而实现对图像内容的理解和标记。图像识别作为计算机视觉领域的一个重要分支，是人工智能领域的关键技术之一。在实际应用中，图像识别技术已经被广泛应用于各个领域，如安防监控、自动驾驶、人脸识别等。

（5）数据驱动设计：指通过大数据分析来指导和优化设计决策过程。设计师通过收集和分析用户行为、市场趋势、消费者偏好、使用反馈等多维度数据，思考和洞察相关规律。从概念构思、原型制作到最终产品或服务设计的每一个环节，以事实为基础，确保设计解决方案精准对接用户需求。

这些术语并非只是抽象的概念，它们代表了人工智能在设计领域中的具体应用，为我们提供创意来源、缩短设计周期、推动设计创新。设计师应该拥抱变革、与时俱进，深入探索设计的本质和价值，不断更新自己的设计理念，提升自身专业技能与技术技能，以适应不断变化的技术和社会环境。

2. 人工智能在设计领域的应用和价值

（1）效率提升和流程优化。人工智能技术可以自动化部分烦琐、重复的设计任务，如图像处理、数据分析和原型制作等。这大大提高了设计效率，释放了设计师的创造力，使设计师能够更加专注于更高层次的设计思考。

（2）个性化和定制化。人工智能可以通过分析大量数据来洞察用户需求和市场趋势，

图 1-17
使用 AI 绘画技术绘制的凡·高艺术风格图像

为设计师提供有价值的参考信息。这种数据驱动的设计决策有助于提高设计的个性化程度和有效性。

（3）创意激发与拓展。机器学习在设计中已经展现出强大的能力，如风格迁移、图像生成等，如图 1-17 所示。人工智能通过深度学习算法如生成对抗网络（generative adversarial network，GAN）和扩散模型（diffusion model）等自动生成设计方案，新颖的视觉元素与设计概念可以帮助设计师跳出传统的思维模式，以前所未有的方式探索和表达创意。

（4）智能辅助设计工具。可以帮助设计师进行更精确的预测和分析，例如预测产品的流行趋势、评估设计方案的效果等，为设计师提供强大的支持。

人工智能与艺术设计的交叉融合为我们打开了一个全新的视野。在享受技术带来的便利和机遇的同时，我们也应该关注其需要应对的挑战和问题。只有这样，我们才能更好地发挥人工智能在未来设计中的价值，推动设计行业的变革和创新。

思考

通过绪论的学习，你是否对人工智能与设计的关系有了一些了解？请调研、了解现在图文领域中常见的 AI 设计工具，并尝试分析其特点。

延伸阅读

1. 薛志荣 . AI 改变设计——人工智能时代的设计师生存手册 [M]. 北京：清华大学出版社，2018.

2. 路甬祥 . 设计的进化与价值 [J]. 中国工程科学，2017，19（03）：1-5.

3. 杨冬江 . 人工智能时代 设计教育如何因时而变 [N]. 光明日报，2024.3.24（12）.

第2章

人工智能基础

2.1 人工智能概述

人工智能是一门让机器模拟人类智能的技术，尽可能让计算机像人类一样具有学习、感知、理解、推理、判断、识别、生成、交互等创造性能力，进而执行任务。人工智能基于计算机科学，涉及多个学科领域，包括数学、哲学、心理学、神经科学和语言学等。

人工智能分类如图 2-1 所示。

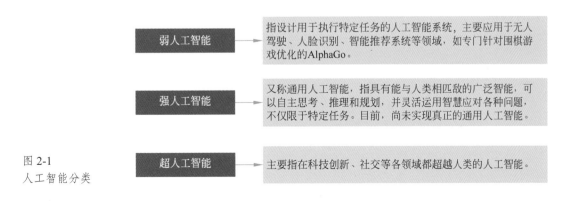

弱人工智能　指设计用于执行特定任务的人工智能系统，主要应用于无人驾驶、人脸识别、智能推荐系统等领域，如专门针对围棋游戏优化的AlphaGo。

强人工智能　又称通用人工智能，指具有能与人类相匹敌的广泛智能，可以自主思考、推理和规划，并灵活运用智慧应对各种问题，不仅限于特定任务。目前，尚未实现真正的通用人工智能。

超人工智能　主要指在科技创新、社交等各领域都超越人类的人工智能。

图 2-1
人工智能分类

2.1.1　人工智能的兴起与演进

技术的革新与进步一直是推动社会发展进程的核心力量。在近几十年的技术浪潮中，人工智能这一领域的兴起无疑是最具变革意义的重大突破之一。回顾其发展历程，从最初的理念孕育和初步探索直至今日的蓬勃发展，人工智能的发展轨迹生动地展现了人类对模拟和拓展智能边界的不懈追求。

人工智能的发展历程如表 2-1 所示。

表 2-1　人工智能的发展历程

发 展 阶 段	典型理念 / 事件	
起源阶段 （20 世纪 50 年代初）	1950 年，阿兰·图灵提出"图灵测试"； 1956 年，在达特茅斯会议上首次提及"人工智能"概念	
	符号主义 方法研究	1952 年，亚瑟·塞缪尔开发第一个计算机下棋程序； 1959 年，亚瑟·塞缪尔首创"机器学习"一词
反思发展阶段 （20 世纪 60 年代— 70 年代初）	自然语言处理应用：1964 年，第一个聊天机器人 ELIZA 诞生； 神经网络发展、感知机模型提出； 1961 年，第一台工业机器人 Unimate 上岗试用； 计算机性能和算法效率不足，人工智能发展遭遇瓶颈	
应用发展阶段 （20 世纪 70 年代初— 80 年代中）	专家系统应用：模拟人类专家知识和经验，解决特定领域的问题； 人工智能从理论研究迈入实际应用阶段	
复苏繁荣阶段 （20 世纪 80 年代中— 21 世纪初）	20 世纪 80 年代和 90 年代机器学习兴起； 1997 年计算机"深蓝"战胜象棋世界冠军； 神经网络研究复苏	
加速发展阶段 （21 世纪初—2020 年）	深度学习 突破性进展	图形识别、人脸识别技术普及应用； 2017 年，AlphaGo 战胜围棋世界冠军
	人工智能 广泛应用	智能家居、金融科技、自动驾驶、智能医疗等领域
爆发阶段 （2020 年至今）	技术持续突破：预训练大模型（OpenAI 的 GPT 系列、谷歌的 BERT 模型等）出现、微调，AI 应用场景拓展 政策法规制定：各国陆续出台 AI 相关法规，以应对伦理、隐私和社会问题 跨学科融合：AI 与生物学、艺术等各领域的交叉研究	

2.1.2　人工智能应用领域

人工智能应用领域非常广泛，几乎涵盖了现代社会的所有行业，其主要应用领域如图 2-2 所示。

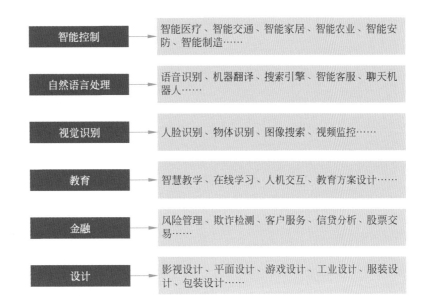

图 2-2
人工智能主要应用领域

2.2　机器学习

1959 年，亚瑟·塞缪尔（Arthur Samuel）首次提出"机器学习"："在不直接针对问题进行明确编程的情况下，赋予计算机学习能力的一个研究领域"。机器学习（machine learning，ML）可以理解为，让机器模拟人类智能的行为，使机器具有像人类一样学习的能力，能从数据中"自学习"、寻找有用知识的挖掘技术。通俗地讲，是指计算机如何在一系列数据中学习到潜在的模式或规则，以帮助人们做出预判。总之，机器学习是计算机借助算法模型，从数据中学习模式或规则，能进行判断、预测、分组等任务，以更好地解决实际问题的技术。

2.2.1　机器学习简介

1. 机器学习的发展历程

机器学习的发展历程如表 2-2 所示。

表 2-2　机器学习的发展历程

发 展 阶 段	典型理念 / 事件
"推理"阶段 （20 世纪 50 年代— 70 年代初）	认为赋予机器逻辑推理能力，机器就具备智能： 1959 年，亚瑟·塞缪尔首次提出"机器学习"的概念，并开发第一个计算机下棋程序； 1975 年 A.Newell 与 H.Simon 的"逻辑理论家""通用问题求解"程序获图灵奖
"知识"阶段 （20 世纪 70 年代中期）	认为机器具备智能的前提是机器具备知识，竭尽全力使机器拥有知识； 大量专家系统涌现并取得众多成果： 1994 年"知识工程"之父 E.A.Feigenbaum 获图灵奖

续表

发 展 阶 段	典型理念 / 事件
学科形成阶段 （20 世纪 80 年代）	"机器学习"成为一门独立学科并迅速发展，技术百花齐放： 1980 年首届机器学习研讨会在美国卡内基梅隆大学举办； 1990 年《机器学习：风范与方法》出版
繁荣发展阶段 （20 世纪 80 年代至今）	20 世纪 90 年代后，以支持向量机（SVM）为代表的统计学方法占主导地位； 1998 年 Tom Mitshell 给出了"机器学习"的第二个定义； 2006 年至今，神经网络重现，深度学习等热潮涌现

2. 机器学习的分类

根据学习方式，机器学习可以分为监督学习、无监督学习、强化学习三大类。监督学习是指使用带标签的数据进行学习；无监督学习则是使用不依赖于标签的数据进行学习；强化学习是一种基于奖励和惩罚机制的学习方式。

2.2.2　监督学习

监督学习是指利用有特征且有标签的数据，训练计算机学习并推断数据的特征与标签的联系并以此建立模型，然后依据此模型预测有未知特征数据对应的标签。

1. 监督学习的基本原理

我们以对一组苹果和橙子图片进行分类为例，说明监督学习的基本原理，如图 2-3 所示。

（1）把一组苹果和橙子图片作为算法的输入数据，前提是我们已给相应图片标注了正确的苹果、橙子的标签。

（2）通过监督学习算法的训练学习，计算机找出了图片和标签之间的关系，这时我们得到了一个能辨别苹果和橙子的训练模型。

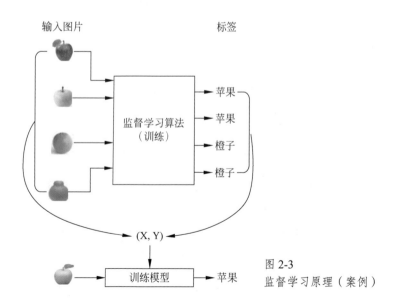

图 2-3
监督学习原理（案例）

（3）当把一张未知标签的图片输入训练好的模型时，此模型能告知此图片的正确标签（类别）。

2.监督学习的常用算法

线性回归、逻辑回归、支持向量机、人工神经网络、决策树等。

2.2.3　无监督学习

无监督学习是用无标签的数据，训练计算机学习并探索数据的结构，找出结构间的关联并以此建立模型，然后依据此模型预判未知数据。

1.无监督学习的基本原理

我们同样以对一组苹果和橙子图片进行分类为例，说明无监督学习的基本原理，如图 2-4 所示。

（1）把一组苹果和橙子图片作为无监督学习的输入数据，并且我们未提前给图片标注类别标签。

（2）通过无监督学习算法的训练学习，计算机找出了图片间隐性的内部结构之间的关系，根据这种结构关联把图片分成第一类和第二类，得出训练模型。

（3）当我们把一张未知的图片输入训练模型时，此模型能告知此图片是属于第一类还是第二类。

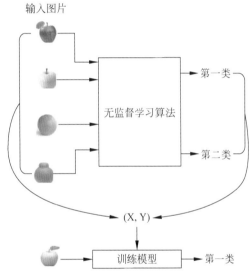

图 2-4
无监督学习原理（案例）

2.无监督学习的常用算法

K 均值算法、主成分分析法、基于神经网络和自编码器的方法等。

从 2018 年开始，OpenAI 的 GPT（生成式预训练 Transformer 模型）开始迭代更新，从 GPT-1 更新至 GPT-4。其中 GPT-1 结合了监督学习、无监督学习等技术，是一个主要用于处理特定语言任务的专家模型，而非通用的语言模型。

2.2.4　强化学习

强化学习是一种受环境影响，通过与环境互动，达到一定目的或获得最大化行动收益的学习方式。在强化学习中，机器通过不断试错进行学习，每次试错均可获得奖励或惩罚，借此调整自身的行动策略，以达到最优的状态。

1.强化学习的基本原理

强化学习把学习视作一个"试探—评价"的过程，我们以训练猫为例解释其基本原理，

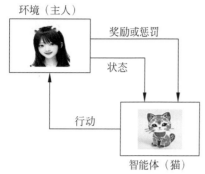

图 2-5
强化学习原理（案例）

如图 2-5 所示。

（1）智能体选择一种行动作用于环境，如猫接受人握手的训练。

（2）环境收到此行动后状态会发生改变，并且以给智能体奖励或惩罚为反馈。如果猫执行我们握手的训练指令，则给予小鱼干等奖励；如果猫不执行我们握手的训练指令，则给予断食 1 小时的惩罚。

（3）通过一段时间的强化学习，猫学会了握手的指令。

2. 强化学习的常用算法

Q-Learning、时间差分学习等。

我们熟知的 ChatGPT 即通过引入基于人类反馈的强化学习等训练模式，实现语言生成能力的大幅提升，且展现出逻辑推理等能力。

2.3　深度学习

深度学习（deep learning，DL）是一种以人工神经网络为基础的机器学习方法，其主要通过多层神经网络实现对输入数据的逐层抽象和学习、复杂数据结构和非线性关系的建模。以生物神经元之间信号传递过程为灵感，深度学习一般包含若干个隐藏层，每个隐藏层包含众多神经元，神经元通过权重连接。深度学习的目标是学习数据的内在规律和表示层次，让机器具有类似人的学习分析能力，具备识别文字、声音及图像等数据的能力。

2.3.1　深度学习简介

1. 深度学习的发展历程

深度学习的发展历程如表 2-3 所示。

表 2-3　深度学习的发展历程

发 展 阶 段	典型理念 / 事件
起源阶段 （20 世纪 40 年代—70 年代）	1943 年，麦卡洛克和皮兹提出神经网络（MP）模型； 1958 年，罗森布莱特提出感知器网络（PM）模型； 1975 年，多层感知器（MLP）
发展阶段 （20 世纪 70 年代—20 世纪 90 年代）	1982 年，约翰·霍普菲尔德发明了 Hopfield 神经网络； 1986 年，深度学习之父杰弗里·辛顿提出了反向传播（BP）算法，1989 年 BP 算法应用于手写邮政编码识别； 1990 年，循环神经网络（RNN）； 1997 年，长短期记忆人工神经网络（LSTM）； 1998 年，卷积神经网络（CNN）

续表

发 展 阶 段	典型理念 / 事件
繁荣阶段 （21 世纪至今）	2006 年，杰弗里·辛顿再次提出"深度学习"概念，并给予了解决梯度消失问题的方案； 2012 年，卷积神经网络（AlexNet）； 2014 年，生成对抗网络（GAN）； 2018 年，谷歌推出 BERT 模型； 2018 年，OpenAI 推出 GPT-1； 2022 年，ChatGPT（GPT-3.5）； 2023 年，GPT-4。

2. 深度学习的基本原理

我们以构建一个估算画展作品价格的估算器为例，说明深度学习的基本原理，在估算器模型中使用监督学习的方法进行训练。画展价格估算器以画展的艺术家信息、作品详情、作品状况（正常或破损）、市场因素作为输入数据来预测价格。

1）神经网络（核心）

经典的神经网络包含输入层（蓝色）、隐藏层（黄色）、输出层（红色）三层，其结构如图 2-6 所示。图 2-6 中每个圆圈表示一个"神经元"（神经网络的基本构成单元），圆圈间的连接线表示"神经元"之间的连接，每个连接对应不同的权重 w。

（1）输入层：接收输入数据（艺术家信息、作品详情、作品状况、市场因素），传递给第一个隐藏层。

（2）隐藏层：对输入的数据进行计算，一般有多个隐藏层。神经元之间的连接都与权重 w 相关联，权重决定输入值的重要性，初始随机赋值。预测画作价格时，作品详情是较重要的因素，其"神经元"连接有较大权重值。

（3）输出层：发送输出数据，输出作品价格预测值。每个"神经元"都有激活函数，用来标准化"神经元"的输出。

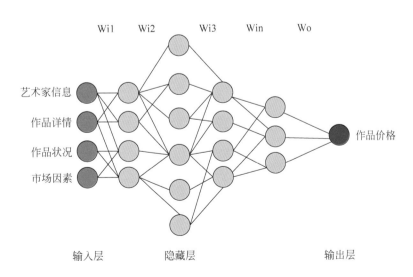

图 2-6
神经网络结构

2）训练神经网络

（1）数据集：寻找同类作品大量历史价格数据，形成作品价格清单。

（2）数据集迭代，将 AI 输出与数据集的输出进行比较。

（3）创建代价函数（AI 输出与实际输出的差距）。

（4）利用梯度下降技术改变权重、降低代价函数。

通过反复训练，得到具有最小损失值的神经网络，获得作品价格预测值。

3. 深度学习的常用技术

卷积神经网络、循环神经网络、长短期记忆人工神经网络、生成对抗网络及深度强化学习等。

2.3.2　卷积神经网络

1. 卷积神经网络概述

卷积神经网络（convolutional neural networks，CNN）是基于"动物视觉皮层的生物过程"的灵感提出的，通过卷积核（滤波器）不断提取特征来进行图像识别，是专为处理图像数据而设计的一类神经网络技术，在深度学习中具有里程碑地位。CNN 具备处理噪声（在图像上是指引起较强视觉效果的孤立像素点或像素块）、自动提取图像相关特征、利用预训练模型的能力。

CNN 常用于图像识别、图像分类、图像分割、目标检测等计算机视觉领域。

2. 基本框架

卷积神经网络的基本框架如图 2-7 所示。

（1）卷积层：卷积神经网络最重要的一层，做卷积运算，即通过卷积核（滤波器）对输入原始图像对应的像素值做乘积之和运算，创建图像特征图。

（2）池化层：对图像特征图进行采样，降低维度，缩减模型大小，提高计算速度。

（3）全连接层：对提取的图像特征图进行分类。

图 2-7

卷积神经网络基本框架

3. 工作原理

卷积神经网络的工作原理如图 2-8 所示。图中的矩形及圆形图示仅用以举例说明，不是实际的特征图和最大特征值。

（1）将输入图像分成若干部分，使用"卷积核"（图中小矩形）给每一部分计算出特征值，获取边缘或形状等的特征图。

（2）对特征图采样降低维度，保留每一部分中的最大特征值（图中圆形），保留了图像中的重要特征信息，可以区分物体。

图 2-8
卷积神经网络工作原理

（3）重复以上操作，特征迭代训练学习，直至可以识别物体。

2.3.3 循环神经网络

1. 循环神经网络概述

循环神经网络（recurrent neural network，RNN）这一概念起源于 20 世纪 80 年代，是基于"人的认知是基于过往的经验和记忆"的理念提出的，其在考虑当前时刻输入的同时，还赋予网络回溯历史信息的能力，即保留对前一时刻乃至更久远时刻内容的记忆痕迹。RNN 比较擅长处理具有逻辑顺序、时间顺序等的顺序性数据，具备语义、时序等数据信息的挖掘能力。

RNN 常用于时间序列分析（天气预测、股票预测等）和自然语言处理（语音识别、文本分类、机器翻译等）等应用领域。

2. 基本框架

循环神经网络的基本框架如图 2-9 中的左图所示，其中 x 为输入层的样本，s 为隐藏层的值，o 为输出层的值，w 为循环过程中的输入权重。

循环神经网络基本结构按时间顺序展开，如图 2-9 中的右图所示，其中 t 表示当前时刻，t–1 表示前一个时刻。从图中可以看出当前 t 时刻隐藏层的值 s_t 取决于当前 t 时刻的输入层样本 x_t 和前一时刻 t–1 的隐藏值 s_{t-1}。

以"工艺美术设计"中预测单词为例示意 RNN 文本预测原理，如图 2-10 所示。

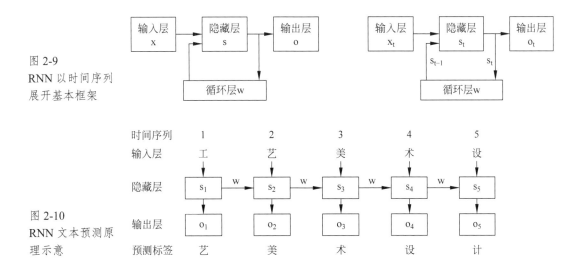

图 2-9
RNN 以时间序列
展开基本框架

图 2-10
RNN 文本预测原
理示意

2.3.4　生成对抗网络

1. 什么是生成对抗网络

2014 年，伊恩·古德费罗首次提出生成对抗网络（GAN）的概念，该技术是目前深度学习领域最具潜力的研究成果之一。其根本理念在于，通过并行训练两个既相互协作又相互竞争的深度神经网络，以解决无监督学习的有关问题。

生成对抗网络广泛应用于生成图像、音乐、视频及文本等领域，同时也涉及数据增强、创意设计及内容审核等多个领域。

2. 工作原理

生成对抗网络的基本框架如图 2-11 所示。生成对抗网络主要包含生成器（generator，G）和判别器（discriminator，D）这两个既相互协作又相互竞争的基础网络。生成对抗网络技术工作流程如表 2-4 所示。

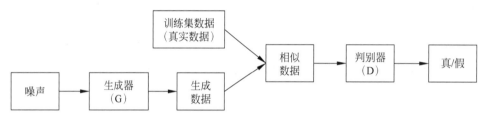

图 2-11
生成对抗网络基本框架

表 2-4　生成对抗网络技术工作流程表

小明临摹画	生成对抗网络（GAN）临摹数字图片
◆ 对应原画临摹； ◆ 专家判别真伪； ◆ 小明观察细节，持续临摹； ◆ 专家无法判别真伪，停止临摹	◆ 定义生成器，输入随机噪声，输出图片； ◆ 定义一个判别器，判断图片是否为训练集中的图片，是为真，否为假； ◆ 生成器持续学习数据分布规律，输出图片； ◆ 判别器无法判断真假时，停止训练

（1）生成器：在判别器的指导下学习训练数据的特征，处理噪声拟合训练数据的真实分布，生成具有训练数据特征的相似数据。其目标是尽可能生成真数据，达到以假乱真的效果。

（2）判别器：判断数据真假，并把结果反馈给生成器。其目标是尽可能判断出数据的真假。

2.3.5　迁移学习技术

1. 迁移学习的概念

迁移学习（transfer learning）是一种把为任务 A 开发的模型应用在为任务 B 开发模型过程中的机器学习方法。迁移学习通过寻求任务的相似性，从已学习的任务中转移知识，改进学习的新任务。比如，画猫可能会让画老虎容易些。

2. 基本框架

迁移学习的基本框架如图 2-12 所示，通过寻求任务的相似性，将源域的模型应用在目标域中。

（1）域：由数据特征与特征分布组成，是迁移学习的主体。

（2）源域：已有知识的域。

（3）目标域：要学习的域。

（4）任务：学习的结果，包含目标函数。

如今的"人工智能"体现为机器学习技术在大数据、大算力的支撑下发挥出巨大威力，人工智能、机器学习与深度学习之间的关系如图 2-13 所示。

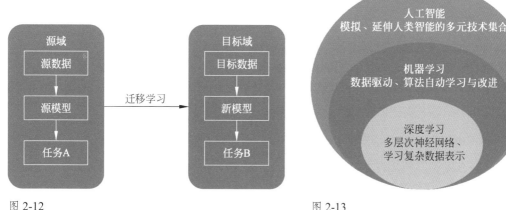

图 2-12
迁移学习基本框架

图 2-13
人工智能、机器学习、深度学习间关系

2.4 计算机视觉

计算机视觉（computer vision，CV）是人工智能领域的一个重要组成部分，其主要目标是实现对图像和视频的理解。换句话说，计算机视觉旨在开发一种让机器具备类似于人类视觉的能力，即对客观世界中的三维场景进行感知、识别和理解。如图 2-14 所示，人眼很容易就能识别出图片中的体育雕塑、草地、树和蓝天，而计算机只知晓图片文件的属性，并不懂图像内容是什么。通过使用计算机视觉技术，我们可以让计算机"看懂"图像中的内容，并从中获取有价值的信息。

图 2-14
风景示例图

2.4.1 计算机视觉简介

在计算机视觉领域，研究人员致力于开发各种算法和模型，以实现对图像中对象、场景和动作的准确识别和理解。算法和模型通常基于数字图像处理、机器学习和人工智能等技术。通过将这些技术应用于计算机视觉，我们可以让计算机具备类似于人类视觉的能力，从而实现对客观世界的感知、识别和理解。

1. 计算机视觉的发展历程

计算机视觉的发展历程如表 2-5 所示。

表 2-5　计算机视觉发展历程表

发 展 阶 段	典型理念 / 事件
起步阶段 （20 世纪 50 年代— 60 年代）	20 世纪 60 年代，积木世界分析方法： 1963 年，麻省理工学院（MIT）的 Roberts 从数字图像中提取出多面体的三维结构，开创了以"识别三维积木场景中的物体"为目的的计算机视觉研究

续表

发 展 阶 段	典型理念 / 事件
独立发展阶段 （20 世纪 70 年代— 80 年代）	20 世纪 70 年代，Marr 视觉理论： 1977 年，David Marr 提出了计算机视觉理论，也称为 Marr 视觉理论； 1982 年，David Marr 的《视觉》出版
机器学习时代 （20 世纪 90 年代— 21 世纪初）	1999 年，David Lowe 研发 SIFT（尺度不变特征变换）算法，用于图像特征提取和匹配； 2001 年，Paul Viola 和 Michael Jones 使用 AdaBoost 算法实现实时人脸检测
深度学习时代 （21 世纪初至今）	深度学习推动计算机视觉的突破： 2012 年，AlexNet 在 ImageNet 挑战赛中获得冠军，其展示了深度学习在图像分类任务中的强大性能； 2014 年，R-CNN（region-based convolutional neural networks）的提出为深度学习在目标检测领域的应用奠定基础； 2015 年，残差网络（ResNet）的提出，解决了深度神经网络训练中的梯度消失问题； 2017 年，Mask R-CNN 的提出，实现了目标检测、分割和识别的一体化； 2024 年，OpenAI 发布人工智能文生视频大模型 Sora，标志着计算机视觉领域在视频生成和多模态技术方面取得了重要进展

2. 基本原理

计算机视觉的基本原理是通过模拟人类的视觉功能，利用计算机和相关设备对获取的图像或视频进行处理、分析和理解，从而实现计算机对现实世界的感知和认知。这一过程涉及多个学科领域，如图像处理、计算机技术、模式识别及机器学习等，基本流程如图 2-15 所示。

图 2-15
计算机视觉基本原理流程图

2.4.2　基本任务

计算机视觉任务是一个广泛的领域，涵盖多个子任务和研究方向。最基本的任务主要包含图像分类、目标检测、语义分割和实例分割四个方面。

1. 图像分类（image classification）

图像分类的目标是识别出输入的图像，并将其自动分配到预定义的类别中，如图 2-16 中的小猫、鲜花和天鹅。为了实现这一目标，计算机视觉系统需要学习和理解图像中的特征，并使用这些特征来区分不同的类别。

图像分类的应用非常广泛，如安防监控、医疗影像分析、自动驾驶等。

图 2-16
图像分类

2. 目标检测（object detection）

目标检测的目标是在图像或视频中识别出特定的物体，并确定它们的位置和大小，如图 2-17 所示。与图像分类不同，目标检测需要同时处理物体的识别和定位两个问题。

目标检测的应用非常广泛，如自动驾驶中的车辆和行人检测、安防监控中的人脸识别等。

图 2-17
目标检测

3. 语义分割（semantic segmentation）

语义分割的目标是将图像中的每个像素分配到预定义的类别中，从而实现对图像的精细理解。例如，在图 2-18 中，语义分割可以将像素分为人、画和背景。

语义分割在自动驾驶、医学影像分析等领域有广泛的应用。

4. 实例分割（instance segmentation）

实例分割是语义分割的扩展，目标是将图像中的每个物体实例分割出来，并为每个实例生成一个精确的掩码。与语义分割不同，实例分割需要区分同一类别的不同实例。例如，在图 2-19 中，实例分割可以将某个人作为实例分割出来，并为每个实例生成一个独立的掩码。

实例分割在自动驾驶、物体跟踪等领域有重要的应用。

除上述四个基本任务外，计算机视觉任务还涉及图像生成、超分辨率、修复、姿态估计、光流计算等多个子任务领域。

图 2-18
语义分割

图 2-19
实例分割

2.4.3　关键技术

计算机视觉是一个跨学科的研究领域，它利用计算机和相关算法来解析和理解数字图像或视频。作为计算机视觉的重要组成部分，其关键技术涵盖多个方面，为计算机提供了深入理解和解析图像与视频的能力。表 2-6 列举了四项关键技术，这些关键技术推动了计算机视觉在各个领域的应用，并提供了重要的支持。

表 2-6　计算机视觉的部分关键技术

名　称	定　义	描　述	应　用
特征提取（feature extraction）	从图像或视频中识别并提取有意义的信息的过程，这些信息可以帮助描述图像的内容	特征可以是图像中的边缘、角点、斑点或更复杂的结构；通过应用滤波器、卷积操作或深度学习模型，可以提取出这些特征，并将它们用于后续的识别、分类或匹配任务	人脸识别、物体识别、图像检索等

续表

名　　称	定　　义	描　　述	应　用
图像分割 （image segmentation）	将图像划分为多个区域或对象的过程，每个区域或对象具有相似的属性或特征	图像分割可以通过基于阈值的方法、边缘检测的方法、区域生长的方法或深度学习方法来实现；分割后的图像可以更容易地进行对象识别、分析或编辑	医学成像、卫星图像分析、自动驾驶等
光流分析 （optical flow analysis）	光流分析是估计图像序列中像素或特征点运动模式的过程	光流分析可以通过计算相邻帧之间像素的位移来估计运动矢量场，这些运动矢量可以提供场景中对象运动的重要信息	视频处理、运动检测、场景理解等
三维重建 （3D reconstruction）	是从二维图像或视频中恢复三维场景的过程	三维重建可以通过利用立体视觉、结构从运动（structure from motion，SFM）或深度学习方法等技术来实现；通过获取多个视角的图像或利用深度信息，重建出场景的三维结构	虚拟现实、增强现实、自动驾驶、机器人导航等

2.4.4　相关应用

计算机视觉的应用领域相当广泛，包括但不限于以下方面。

（1）自动驾驶：计算机视觉可以帮助汽车感知周围的环境，并识别路标、行人、车辆等障碍物，从而实现自主导航、自动驾驶。

（2）工业制造：计算机视觉可以用于产品质量控制和一致性检测，以及对生产线上的产品进行自动化分类和识别。

（3）医学影像分析：计算机视觉可以用于医疗影像分析，如通过图像处理和模式识别技术，帮助医生提高疾病诊断的准确性和治疗的效率。

（4）安防监控：计算机视觉在安防监控领域发挥着重要作用，如人脸识别、行为分析、犯罪侦查等，从而提高安全性和防止犯罪行为发生。

（5）人机交互：计算机视觉可以用于人机交互，如通过识别人的手势、表情和动作理解人的意图，然后执行相应的指令。

（6）军事：如军事侦察、合成孔径雷达图像分析、战场环境/场景建模等。

（7）遥感测绘：如矿藏勘探、资源探测、天气预报及自然灾害监测监控等。

此外，计算机视觉还在游戏和娱乐、农业、环境监测、智能识图、垃圾分类等领域有着广泛的应用。随着技术的不断发展和进步，计算机视觉的应用领域还将不断扩大和深化。

2.5　自然语言处理

自然语言处理（natural language processing，NLP）是一门集语言学、计算机科学、数学于一体的科学，也是人工智能领域的一个重要的研究方向。计算机能识别的只有数字信息，要想实现人机沟通、让机器"听懂"人类语言，就必须利用自然语言处理这个中间沟通的桥梁，如图 2-20 所示。

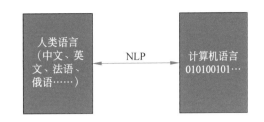

图 2-20
自然语言处理示意图

2.5.1　自然语言处理简介

自然语言处理主要研究人与计算机之间，使用自然语言进行有效沟通的理论和方法，让计算机模拟人类的语言处理能力，包括语法、语义、篇章理解等多个方面，从而实现人机之间的有效沟通。

1. 自然语言处理的发展历程

自然语言处理的发展历程如表 2-7 所示。

表 2-7　自然语言处理发展历程表

发 展 阶 段	典型理念 / 事件
萌芽期 （1950 年以前）	20 世纪 30 年代，科学家开始尝试使用机器进行翻译； 1947 年，美国科学家 W.Weaver 和英国工程师 A.D.Booth 提出利用计算机进行语言自动翻译的设想； 1948 年，Claude Shannon 把离散马尔可夫过程的概率模型应用于语言自动机
基于规则的方法 （20 世纪 50 年代—70 年代）	20 世纪 50 年代，基于规则的方法开始应用于机器翻译； 1957 年，Noam Chomsky 出版《句法结构》，提出转换生成语法理论； 1964 年，首个自然语言对话程序 ELIZA 诞生
统计语言模型 （20 世纪 80 年代—90 年代）	20 世纪 70 年代，基于隐马尔可夫模型（Hidden Markov Model，HMM）的统计方法用于语音识别； 1988 年，基于统计的机器翻译方法被提出
机器学习时代 （21 世纪初至深度学习之前）	2000 年，支持向量机等机器学习算法在自然语言处理任务中取得显著成果； 2006 年，Hinton 等人提出深度学习概念； 2008 年，Collobert 和 Weston 首次将多任务学习应用于 NLP 的神经网络
深度学习时代 （2010 年至今）	2013 年，Mikolov 等人提出词向量（Word2Vec）表示方法； 2014 年，Sutskever 等人提出基于序列到序列（Seq2Seq）的模型； 2016 年，谷歌推出 Transformer 模型； 2018 年，BERT 等预训练语言模型出现； 2022 年，OpenAI 发布 GPT-3.5 模型驱动的 ChatGPT； 2023 年，GPT-4； 2024 年，GPT-4o

2. 基本原理

自然语言处理的基本原理是利用语言学、计算机科学和人工智能，设计和开发能够理解和生成自然语言文本的系统。这涉及对文本进行分词、词性标注、句法分析、语义理解等一系列操作，以便计算机能够深入理解文本的含义和上下文关系。基本流程如图 2-21 所示。

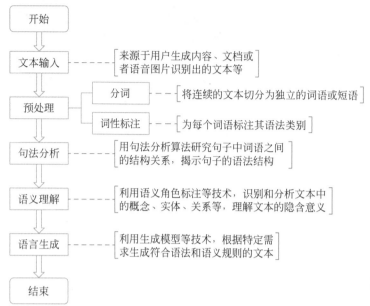

图 2-21
自然语言处理的基本原理流程图

2.5.2　核心任务

自然语言理解（natural language understanding，NLU）和自然语言生成（natural language generation，NLG）是自然语言处理的两大核心任务。

1. 自然语言理解

自然语言理解是一个复杂且广泛的研究领域，旨在使计算机能够理解和解释人类语言的含义和上下文，实现自然语言到计算机内部表示的转换，示意图如图 2-22 所示。

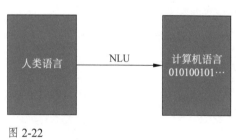

图 2-22
自然语言理解示意图

自然语言理解的基本知识涉及多个方面，包括语言学基础、文本表示、语义分析、推理与理解等。

（1）语言学基础。自然语言理解需要建立在对人类语言结构和规律有深入了解的基础上。语言学研究语言的各个方面，如语法、词汇、语义、语用等。自然语言理解借助语言学理论和方法（如词法分析、句法分析、语义角色标注等）来解析和理解文本。

（2）文本表示。计算机处理文本数据时，需要将其转换为计算机能够理解的格式。文本表示是将文本信息转换为计算机内部表示形式的过程。常见的文本表示方法包括词袋模型、TF-IDF、Word2Vec、BERT 等。这些模型可将文本转换为向量或矩阵形式，便于计算机进行处理和分析。

（3）语义分析。语义分析是自然语言理解的核心任务之一。它涉及对文本中词语、短语和句子的含义进行解析和理解。语义分析的方法包括词义消歧、实体识别、关系抽取等。通过这些方法，计算机可识别文本中的实体、属性、关系等信息，从而实现对文本语义的深入理解。

（4）推理与理解。自然语言理解不仅需要解析文本的表面含义，还需要理解文本的深层含义和意图。推理是根据已知信息推断出新信息的过程。在自然语言理解中，推理可以帮助计算机理解文本中的隐含信息、推断作者的意图和观点等。

自然语言理解应用非常广泛，包括但不限于智能助手、智能客服、机器翻译、信息抽取、文本分类、舆情监控等领域。通过自然语言理解，计算机可以更好地理解人类语言，从而提供更智能、更便捷的服务。

2. 自然语言生成

自然语言生成的目标是让计算机能够自动生成符合人类语言习惯、语法正确、意义完整的文本，以便人类能够理解和使用。示意图如图 2-23 所示。

自然语言生成的基本知识涉及多个方面，包括文本规划、语句规划、实现及语言生成技术。

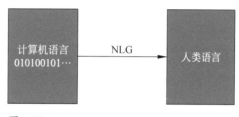

图 2-23
自然语言生成示意图

（1）文本规划：文本规划是自然语言生成的首要步骤，它主要关注如何从结构化数据或知识库中提取关键信息，并确定要生成的文本内容。这涉及对数据的理解和分析，以及确定文本的主题、目的和受众。

（2）语句规划：在确定了要生成的文本内容后，语句规划阶段开始工作。该阶段主要关注如何从结构化数据中组合语句来表达信息。这涉及选择合适的词汇、语法结构和句子类型，以确保生成的文本流畅、自然且易于理解。

（3）实现：实现阶段是将前面两个阶段规划的内容转化为实际的文本。这需要选择合适的语言生成技术，如模板填充、基于规则的方法或深度学习模型，来生成语法正确、意义完整的句子。同时，还需要考虑文本的可读性、连贯性和一致性。

（4）语言生成技术包括模板填充、基于规则的方法和深度学习模型。模板填充是一种简单而直接的方法，它使用预定义的模板来生成文本。基于规则的方法则依赖手动编写的规则或启发式算法来生成文本。深度学习模型，特别是循环神经网络和变换器等，已经在自然语言生成任务中取得显著的成功。这些模型可以自动学习从数据到文本的映射关系，并生成高质量的文本。

2.5.3　关键技术

自然语言处理涉及多个关键技术，这些技术旨在破解人类语言的复杂性，使计算机不仅能解析其表层结构，还能领悟其深层含义，进而实现对自然语言的有效理解和精准处理。这一领域的探索对于提升计算机与人类的语言交互能力，推动人工智能在教育、信息检索、智能客服等众多领域的实际应用具有重大意义。

表 2-8 汇总了自然语言处理的四项关键技术，这些关键技术共同构成了自然语言处理的基础，辅助计算机更好地理解与处理人类语言。

表 2-8　自然语言处理的部分关键技术

名　称	定　义	描　述	应　用
词法分析	是自然语言处理中的基础技术，主要负责对输入的文本进行词语的切分和词性的标注	核心任务是将连续的文本切分为独立的词语，并为每个词语标注其语法类别，如名词、动词、形容词等。词法分析的结果可以为后续的句法分析和语义理解提供基础数据	广泛应用于搜索引擎、智能助手、机器翻译等领域
句法分析	任务是确定句子中词语之间的结构关系，即构建句子的语法结构	核心是确定句子的主语、谓语、宾语等句法成分，并分析它们之间的依赖关系。这有助于理解句子的整体结构和含义；句法分析的结果通常以树状结构表示，称为句法树	在机器翻译、信息抽取、文本生成等领域有重要应用
语义分析	是自然语言处理的重要任务之一，关注文本的含义和意图	主要任务包括实体识别、关系抽取、情感分析等，实体识别负责从文本中识别具有特定意义的实体，如人名、地名、组织机构等；关系抽取旨在抽取实体之间的关系；情感分析则关注识别和分析文本中表达的情感或情绪	广泛应用于智能助手、产品评价、智能客服、舆情监控等领域
语用分析	句子的语用角色，主要关注言语行为、语境、对话结构等方面	旨在理解说话人的意图、态度、情感等信息，以及句子在特定语境中的功能，这有助于实现更准确的人机对话和交互	在智能助手、聊天机器人、对话系统等领域有重要应用

2.5.4　相关应用

自然语言处理的应用非常广泛，涉及多个领域和行业。以下是一些常见的自然语言处理应用。

（1）机器翻译。机器翻译是利用自然语言处理技术将一种语言的文本自动转换成另一种语言的文本。现在已经有许多成熟的机器翻译系统，如谷歌翻译、百度翻译等，它们可以帮助人们快速理解不同语言表达的内容。

（2）智能助手和客服。智能助手和客服是自然语言处理在人机交互领域的重要应用。它们可以通过理解和分析用户的语言，提供智能化的回答和解决方案，提高用户满意度和效率。

（3）情感分析。情感分析是通过自然语言处理技术对文本进行情感倾向的判断和分析。这种技术可以应用于舆情监控、产品评价、社交媒体分析等领域，帮助企业了解公众对其品牌、产品或服务的情感态度。

（4）信息抽取和文本挖掘。信息抽取和文本挖掘是从大量文本数据中提取有用信息的过程。这些信息可以包括实体、事件、关系、主题等，对企业的市场分析、竞争情报、决策支持等方面有重要价值。

（5）智能写作和编辑：智能写作和编辑是自然语言处理在文学创作和新闻传媒等领域的应用。通过自然语言处理技术，可以自动生成文章、摘要、标题等，提高写作效率和准确性。

除此之外，自然语言处理还在语音识别、文本分类、问题回答、观点提取、文本语义对比、中文光学字符识别（OCR）等领域有着广泛的应用。

思考

1.说一下你身边的人工智能（AI）应用有哪些？谈一谈你对人工智能的认识。

2.机器学习的分类有哪些，它们的工作原理是什么？

3.深度学习有哪些分类，它们的特点是什么？

4.计算机视觉技术在我们日常生活中有很多应用，请以智能手机中的人脸识别解锁功能为例，分析其中涉及了计算机视觉的哪些技术，并探讨其在实际应用中的优势和挑战。

5.深度学习技术极大地推动了自然语言处理的发展。请查阅资料，列举近年来深度学习在自然语言处理领域中的几个重要突破或创新，并简要描述它们的工作原理和影响。

延伸阅读

1.尼克.人工智能简史 [M].北京：人民邮电出版社，2021.

2.路易斯·G.塞拉诺.机器学习图解 [M].郭涛，译.北京：清华大学出版社，2023.

3.安德鲁·格拉斯纳.图说深度学习：用可视化方法理解复杂概念 [M].曾小健，译.北京：中国青年出版社，2023.

4.穆罕默德·埃尔根迪.深度学习计算机视觉 [M].刘升容，安丹，郭平平，译.北京：清华大学出版社，2022.

5.何晗.自然语言处理入门 [M].北京：人民邮电出版社，2019.

第3章

生成式人工智能

自 2022 年以来，人工智能迎来了新的发展热潮，生成式人工智能成为科技领域的热门话题。这种技术允许机器从已有的数据中学习并生成全新的、真实的内容，如文本、图像、音频和视频。它在各个产业中都有着广阔的应用前景，为各行各业带来了前所未有的变革。尤其是在艺术创作领域，从简单的文字问答发展到能够生成、创作出令人惊叹的绘画和音乐作品。《Science》杂志评选出的 2022 年度十大科学突破中，生成式人工智能（artificial intelligence generated content，AIGC）作为人工智能领域的重要突破位列其中。

观察如图 3-1 所示的三张图片，你能区分出哪些是人手绘制，哪些是人工智能生成的吗？

图 3-1
图片

其实，它们都是人工智能生成的作品，人工智能生成的图像与人手绘制的作品之间的界限变得越来越模糊。通过高级算法和学习机制，计算机不仅能够模拟传统的绘画技术，还能创造出超乎想象的视觉效果。

3.1　生成式人工智能概述

3.1.1　生成式人工智能概念

AIGC 指的是由人工智能生成的内容，包括文本、音频、图像、视频等。它基于深度学习模型，通过训练深度神经网络来学习数据的内在结构及模式，模仿人类的创造力和想象力，从而生成新数据。

AIGC 的崛起无疑为内容创作领域带来了变革。传统的内容创作方式往往依赖人类的创意与技能，但 AIGC 的出现使得内容生成的速度、效率和质量都得到了极大的提升。

在文本创作方面，AIGC 可以学习大量的文本数据，通过深度学习算法理解语言规则和语义关系，进而生成流畅、自然的文本内容。无论是新闻报道、广告文案、小说故事还是科技文章，AIGC 都能以其独特的视角和创意，为读者带来全新的阅读体验。以 ChatGPT 为例，其可以仿照特定风格创作诗词，如图 3-2 所示。

在音频领域，AIGC 同样展现出了强大的能力。它可以通过模拟各种声音，包括人声、乐器声等，生成高质量的音频内容。无论是音乐创作、语音合成还是语音识别，AIGC 都能以其精准、自然的音频输出，满足用户多样化的需求。

图像和视频是 AIGC 的另一大应用领域。通过深度学习和图像处理技术，AIGC 可以生成逼真的图像和视频内容。无论是风景画、人物肖像还是电影特效，AIGC 都能以其出色的图像和视频处理能力，为用户带来视觉上的震撼。

再来看一幅 AIGC 摄影作品，如图 3-3 所示。如果有人在我们不知情的情况下，告诉我们这是一幅老照片，估计很难有人会怀疑。现在 AIGC 作品已经达到以假乱真的程度，那么应如何看待 AIGC 对艺术设计专业的学习和实践造成的冲击和影响呢？

图 3-2
ChatGPT 创作的一首诗

图 3-3
AIGC 摄影作品

　　设计的本质在于创造和求解，同时它也是一门艺术。设计的目的并非局限于满足功能性需求，而是为了创造美感、解决问题以及提升客户体验。AI 的介入使得文本、图像生成和数据处理变得异常迅速，加速了设计从概念构思到实际落地的过程。同时，也激发了设计师的创造力和想象力，使其能够探索更为丰富的风格和技巧，甚至创造出传统手段难以实现的艺术设计作品。

　　而 AIGC 技术的兴起并不意味着可以放弃传统艺术设计的学习和实践。相反，我们应将 AI 视为一种强大的辅助工具，它能帮助我们扩展创意的边界，丰富艺术设计表达。专业设计师在使用 AI 创作时，他们的创新能力、创造力以及艺术底蕴和审美观都是不可替代的，能够准确地引导 AI 创作出符合人类审美的艺术设计作品。

3.1.2　生成式人工智能原理

　　生成式人工智能包含两大核心技术：一是以 ChatGPT 为代表的大语言模型技术，二是扩散模型技术，如当前流行的 AI 绘画工具如 Stable Diffusion、DALL-E、Midjourney 等都采用了这些技术。下面针对几个典型模型进行讲解。

1. ChatGPT

　　ChatGPT 是由 OpenAI 开发并于 2022 年 11 月 30 日发布的大语言模型，它的核心技术是 GPT（generative pre-trained transformer）模型，这是一种预先训练的自然语言处理模型，通过互联网大规模文本数据集的预训练来学习自然语言的语法、语义及上下文关系。其基本原理如下。

　　（1）预训练。模型在大量的互联网文本数据上进行预训练。在此过程中，模型学习语言的结构、语法及常见知识。通过预测文本数据中的下一个词，模型逐渐掌握生成流畅、连贯文字的能力。

　　（2）微调。在预训练之后，模型会在特定任务或数据集上进行微调。这一阶段，模型通过在更有针对性和专业性的数据上进行训练，使其更好地理解和生成与任务相关的内容。这些数据通常与模型的预期用途紧密相关，如对话数据。

（3）生成回复。当用户向 ChatGPT 提出问题或进行对话时，模型会根据输入内容生成回复，具体过程是根据输入内容预测接下来最可能出现的词或句子，从而生成连贯的回答。

（4）上下文理解和记忆机制。ChatGPT 具备一定的上下文理解能力，通过其内部的记忆机制，它能够在对话中"记住"之前的交流内容。这使得模型可以在较长的对话中保持连贯性和一致性。

2024 年 5 月 14 日，OpenAI 推出新旗舰模型 GPT-4o，该模型在功能上有许多改进和增强，具备处理多模态数据的能力，不仅可以处理文本，还能理解和生成图像、音频等。

简单来说，ChatGPT 的工作原理是通过大量文本数据进行学习和训练，然后根据用户的输入生成合适的回复。这一过程涉及复杂的机器学习技术，其核心思想是通过学习大量的语言数据来理解和生成自然语言。

2. 扩散和扩散模型

扩散这一概念源于非平衡热力学。例如，将一滴墨水滴入水中，我们可以观察到墨水在水中扩散的现象。墨水刚滴入水中时会形成一个集中的斑点，这便是墨水的初始状态，要精确描述初始状态下的概率分布比较困难，因为这种分布极为繁杂。随着扩散的持续，墨水随时间推移逐渐在水中扩展，水也渐渐被墨水染色，如图 3-4 所示。最后，墨水分子的概率分布会变得更加均一，使得我们能够用数学公式来描述这一概率分布。

图 3-4
一滴墨水在水中的扩散

在这种情况下，非平衡热力学发挥了作用，它能够描述墨水随时间推移扩散的过程中，每一个"时间步"（即将连续的时间过程离散化）的概率分布。如果我们将这个过程逆转，就能从概率分布逐步推导出原来的分布。

扩散模型正是利用了这一原理，基于扩散过程描述数据的生成过程，主要包括前向扩散和反向扩散。在前向扩散过程中，从左向右逐步向原始数据中加入噪声以破坏原始信息，直到得到纯噪声的图像，如图 3-5 所示。在反向扩散过程中，从右向左逐步完成一个相对应的逆向过程进行去噪，并生成样本，从而学习原始数据的分布，如图 3-6 所示。

3. Stable Diffusion 模型

Stable Diffusion 是 Stability AI 公司开源的一款图像生成模型，其发布无疑将 AI 图像生成的水平推向了一个新的高度。Stable Diffusion 产生的效果和影响力堪比 OpenAI 推出的 ChatGPT。图 3-7 展示了 Stable Diffusion 模型的基本架构。架构由三部分组成：第一部

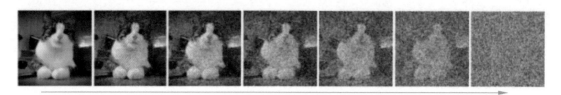

图 3-5
前向扩散过程

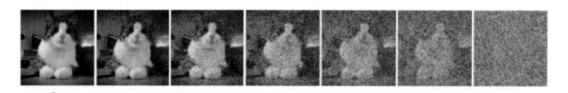

图 3-6
反向扩散过程

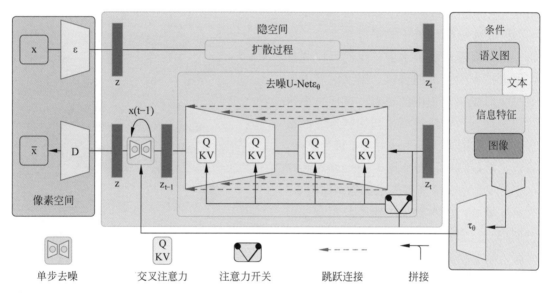

图 3-7
Stable Diffusion 模型基本架构

分是图像数据经编码器压缩为低维表示，或低维表示解码为图像数据的像素空间模块，第二部分是进行扩散过程和去噪过程的隐空间模块，第三部分是对扩散采样过程进行控制的条件模块。扩散过程在低维隐空间中完成，这是 Stable Diffusion 模型比纯粹的扩散模型运行速度更快的原因。

我们期望人工智能生成的内容不仅要具备一定的真实性，还要具有创新性，而不仅仅是重现已经学习的内容等。Stable Diffusion 模型能够捕获复杂的数据分布，创造出既真实又富有创意的内容，并且能够高效地进行个性化生产。

3.1.3　生成式模型分类

根据生成内容的类型，可以将 AIGC 分为文本到文本、文本到图像、文本到音频和文本到视频等多种类型，其应用范围和深度都在不断扩展。

1. 文本到文本

在文本创作方面，AIGC 技术展现了令人赞叹的灵活性和创造力。无论是进行深度报道、编织富有想象力的故事，还是模拟日常对话，AIGC 都能根据给定的主题和风格生成相应的内容。它甚至能够模拟不同的文体和写作风格，为创作提供多样化的选择，如图 3-2 所示是利用 ChatGPT 创作的一首诗。

2. 文本到图像

在图像创作方面，AIGC 同样表现出色。它能够根据文字描述精确生成视觉内容，这不仅包括静态的照片和插图，也涵盖了复杂的图表和地图设计。AIGC 技术在艺术设计领域能够依据用户的需求调整图像的颜色、构图和布局，为艺术家和设计师提供了新的创新可能。例如，游戏设计师通过 AIGC 技术可以快速实现复杂创意，创作出细腻的纹理、丰富的颜色及详细的角色服装设计，显著缩短从构想到成品的时间，如图 3-8 所示。

图 3-8
利用 AIGC 技术创作的游戏角色

3. 文本到音频

音频领域的 AIGC 应用也十分引人注目。它可以根据特定的需求生成语音、音乐和音效，支持多种语言和情感的定制，尤其擅长创造带有特定风格或情感色彩的音频内容。这项技术在音乐制作和声音设计等领域具有重要价值。

4. 文本到视频

视频内容的生成展现了 AIGC 技术的综合实力。它能够整合文字描述、图像和音频，创造出短片、动画和广告等多种形式的视频内容。通过精确解读脚本和指令，AIGC 能够控制视频的主题、情节和节奏，在影视制作和动画创作中扮演关键角色。

3.2 AIGC 应用平台：创意写作

利用深度学习和自然语言处理算法，AIGC 不仅可以生成遵循语法和逻辑的文本，还能模仿特定的写作风格产生具有创意和情感的内容。下面将介绍一些在创意写作领域中的 AIGC 典型应用平台。

3.2.1 ChatGPT

作为基于 Transformer 神经网络架构的聊天机器人程序，ChatGPT 不仅能生成流畅的对话，还能依据交流提供连贯互动的上下文。它覆盖了从邮件撰写、翻译、视频脚本编写到文章撰写等多种文本创作领域，显示出广泛的应用潜力，如图 3-9 所示。

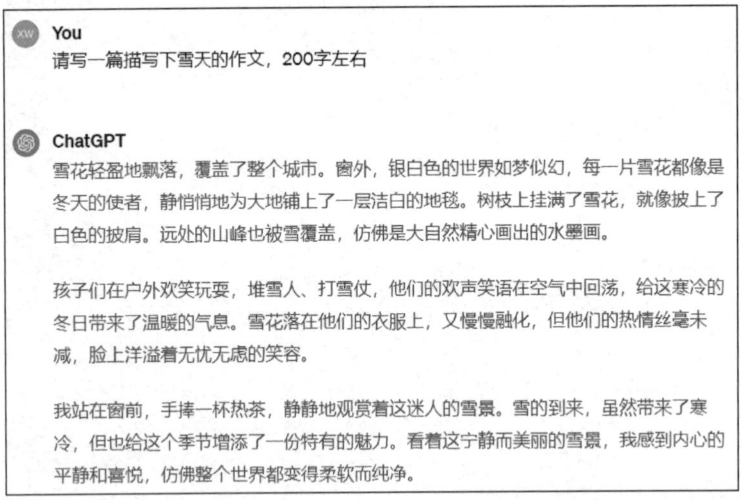

图 3-9
ChatGPT 生成的作文

3.2.2 文心一言

文心一言由百度公司于 2023 年 3 月 16 日发布，并于 8 月 31 日正式全面开放给公众使用。作为一款大语言模型，文心一言汇聚了自然语言处理和深度学习领域的尖端技术，其强大的中文语言理解和生成能力引人注目。文心一言不仅能够流畅地与人类对话、解答问题，还具有中英文互译、图像识别等跨模态功能，充分体现了人工智能在理解和生成语言方面的卓越能力。如图 3-10 所示是文心一言具备的主要功能。

请叙述一下你有哪些功能？

我具备多种功能，以满足用户的不同需求。以下是一些主要的功能介绍。

1. **知识问答与信息检索**：我可以回答各种类型的问题，提供准确、权威的信息。无论是学科专业知识、百科知识还是生活常识，我都能够迅速给出答案。
2. **文本创作**：我能够基于用户提供的主题或要求，生成各种类型的文本，如小说、文案、诗歌、作文等。这些文本不仅符合语法规范，还能展现出一定的创意和风格。
3. **知识推理与逻辑分析**：我能够进行逻辑推理、脑筋急转弯等任务，帮助用户解决复杂的问题或进行深度思考。
4. **数学计算**：我能够进行各种数学计算，包括基础运算、代数、几何、概率统计等，为用户提供准确的计算结果。
5. **代码理解与编写**：我能够理解并解释代码的功能和逻辑，还能在一定范围内编写简单的代码片段，帮助用户解决编程问题。
6. **作画**：我可以根据用户的描述或要求，生成相应的图像或画作。虽然我的绘画能力还在不断提升中，但已经能够生成一些简单而有趣的图像。
7. **翻译**：我支持多种语言互译，包括中文、英文等。用户可以通过我进行文本、语音或图像的翻译，方便跨语言交流。
8. **聊天与交流**：我可以与用户进行自然而流畅的对话，分享笑话、讲故事，提供情感支持等。我的目标是让用户在与我交流的过程中感到愉悦和满足。

除此之外，我还在不断学习和改进中，希望能够为用户提供更多、更好的功能和服务。

图 3-10 文心一言的主要功能

3.2.3　悉语·智能文案

阿里妈妈创意中心推出的悉语·智能文案是一款基于 AI 技术的文案创作工具，用户仅需导入商品链接即可快速生成多种风格的营销文案，能极大提高写作效率。然而，尽管在语法、拼写和语义方面表现出色，但这种自动生成的文案在深度和情感表达上可能有所欠缺，仍需要用户进一步优化和完善，以提高文案的吸引力。该工具还可以与其他创意工具配合使用，如智能制图、绘剪智能视频、智能混剪工具、页面制作等编辑工具，进一步增强内容的创意和吸引力。悉语·智能文案操作界面如图 3-11 所示。

3.2.4　通义千问

通义千问是阿里云展示其在人工智能技术推进方面的决心和实力的典型案例。自 2023 年 4 月以来，它经历了从邀请测试到开源大模型，再到通过国家大模型标准评测的发展历程，显示了其在技术创新和应用普及方面的显著进步。其主要功能包括以下四个方面。

1. 文本回答

此模式包括文本生成、问答系统、知识检索、智能对话、翻译、代码编写和解析、总结归纳、创作辅助、推理分析等功能。

如图 3-12 所示是通义千问模型对自身功能的描述。

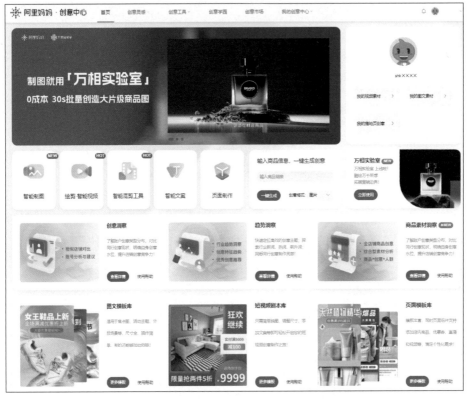

图 3-11
悉语·智能文案操作界面

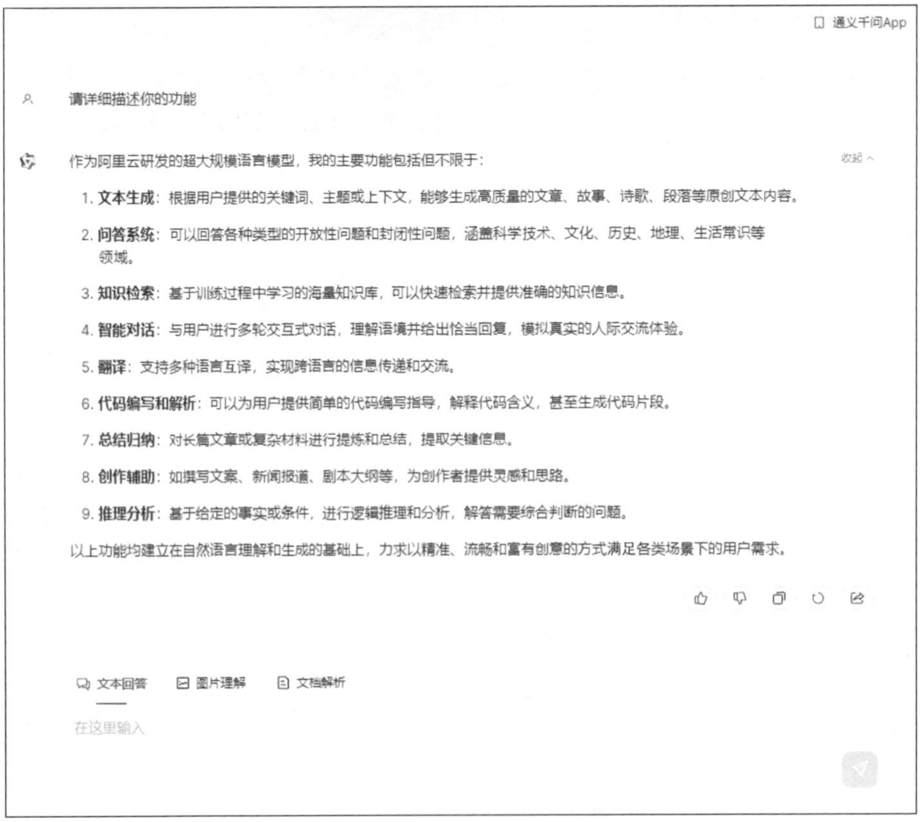

图 3-12
通义千问的主要功能

2. 图片理解

在此模式下，用户可以上传 1 张不超过 10MB 的 PNG 或 JPG 图片，进行文案创作或问答。

如图 3-13 所示是通义千问模型对上传图片的描述，它可以对图片进行比较准确的描述，并识别图中的汉字，甚至能识别繁体字，还可以根据图片信息推断出拍摄地点等。

3. 文档解析

在此模式下，用户可以上传一份不超过 10MB 的 PDF 文件（不支持扫描件），进行文档总结或问答。

如图 3-14 所示，模型可以准确识别文档信息，并可以对文档内容进行归纳概括。

图 3-13
通义千问的图
片理解功能

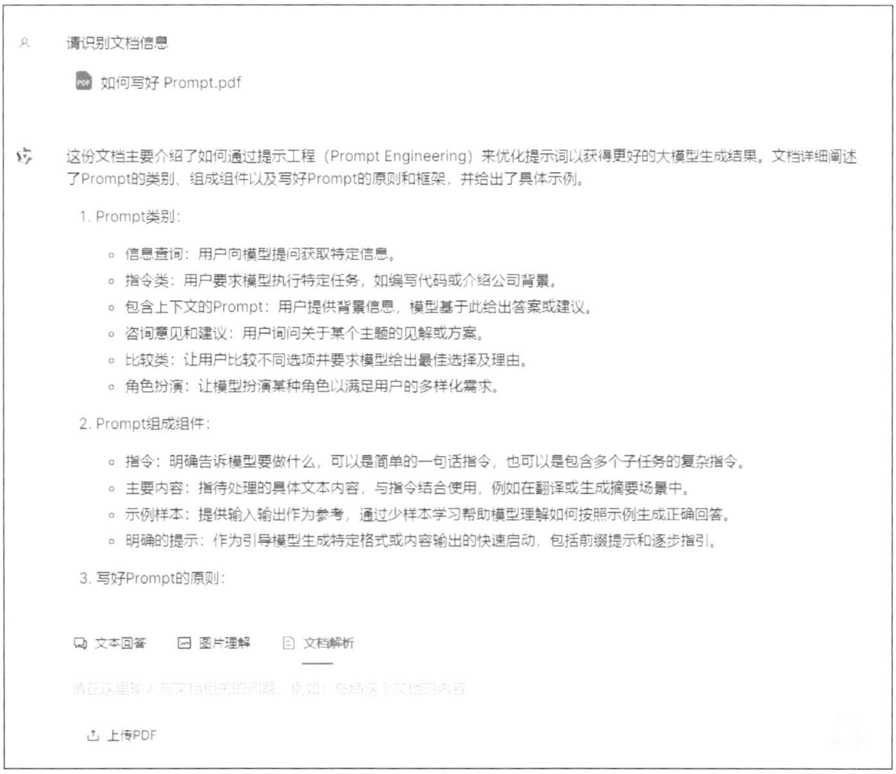

图 3-14
通义千问的文
档解析功能

4. 百宝袋

通义千问模型还可以实现百宝袋模式，其功能包括趣味生活、创意文案、办公助理、学习助手，如图 3-15 所示。

图 3-15
通义千问的
百宝袋功能

3.2.5　Effidit

由腾讯 AI Lab 研发的 Effidit 智能创作助手旨在通过人工智能技术提高写作效率和增强创作体验。用户可以选择下载客户端或在线体验的方式，支持通用版和学术版。它提供智能纠错、文本补全、文本润色等功能，帮助写作者提高写作质量和效率。这一智能助手的出现，代表了 AI 技术在辅助创作和提高生产力方面的进一步探索，如图 3-16 所示。

图 3-16
Effidit 的主
要功能

3.3　AIGC 应用平台: 智"绘"无界

通过融合深度学习技术和前沿的图像生成算法,AIGC 在 AI 绘图领域呈现出惊人的能力。这些算法,通过对海量图像数据的学习,不仅能够依据文字描述产生高质量、逼真的图像,而且能捕捉用户的创作意图,并在图像生成过程中考虑色彩、形状和纹理等多个要素,把抽象的概念转化为视觉艺术作品。以下是 AI 绘图领域的一些典型平台介绍。

3.3.1　ChatGPT-4

2023 年 3 月 14 日,OpenAI 推出多模态大模型 GPT-4。与此前版本相比,GPT-4 具备更加强大的识图能力,同时文字输入限制也提升到了 2.5 万字。2023 年 9 月 25 日,ChatGPT 在最新版本中新增了语音和图像输入功能,进一步扩大了应用范围,可更好地满足用户多样化的需求。例如,ChatGPT 能够根据文字描述,生成具有中国古典特色的精美山水画,如图 3-17 所示。

图 3-17
GPT-4 生成的山水画

3.3.2　Midjourney

2022 年 3 月,AI 绘画工具 Midjourney 问世,它是一个基于浏览器的应用程序。Midjourney 的特点在于其能够根据用户的输入生成包括油画、素描和水彩在内的多种艺术作品类型,并能模仿达·芬奇、达利和毕加索等众多画家的风格,甚至能识别并应用特定的镜头技术或摄影术语。如图 3-18 所示,展示了使用 Midjourney 创建的电影中的虚拟场景。

图 3-18
电影中的虚拟场景

3.3.3　Stable Diffusion

　　Stable Diffusion 是一个结合了深度学习模型 CLIP 和 Diffusion 模型的开源 AIGC 绘图工具，可免费、单机使用。它不仅为艺术家和设计师提供了一个高效、准确且充满创造力的平台，而且使普通用户也能通过简单的提示词创作出惊艳的艺术作品，体验全新的创意表达方式。

　　Stable Diffusion 功能丰富，除了能够根据文字提示生成图像外，还能基于现有素材图生成新作品。用户可在此平台上训练自己的模型，探索新的艺术表现形式。开源特性还促进了一个庞大的爱好者社区的形成，贡献了多样化的模型供其他用户下载和测试，极大地丰富了平台模型的多样性和可用性。特别是 ControlNet 插件的加入，显著增强了 Stable Diffusion 处理 AI 绘画中随机性问题的能力，提升了作品的可控性和定制性。图 3-19 即为使用 Stable Diffusion 生成的一幅摄影作品。

3.3.4　文心一格

　　2022 年 8 月 19 日，百度推出文心一格，这是一个利用飞桨平台和文心大模型技术开发的 AI 绘图创作助手。仅需简单的文字描述，它便能迅速生成多彩的艺术图像，并具备图像编辑功能，覆盖了从写实到二次元、从意象到具象等各种风格。如图 3-20 所示，文心一格根据提示词生成了一幅清晰的山水画。

图 3-19（上）
使用 Stable Diffusion 生成的摄影作品

图 3-20（下）
使用文心一格生成的山水画

思考

1. AIGC 是什么，主要分为哪几种类型，你能发现身边有哪些 AIGC 应用吗？

2. 在学习和生活中，AIGC 帮你解决了哪些问题？请分别举例说明。

3. 任意选择一款 AIGC 工具，尝试对老照片进行修复。

4. 请结合自己的专业，使用 Stable Diffusion 设计一幅作品。

延伸阅读

　　1. 丁磊 . 生成式人工智能：AIGC 的逻辑与应用 [M]. 北京：中信出版集团，2023.

　　2. 丹尼斯·罗斯曼 . 大模型应用解决方案——基于 ChatGPT 和 GPT-4 等 Transformer 架构的自然语言处理 [M]. 叶伟民，译 . 北京：清华大学出版社，2024.

第 4 章

人工智能与设计变革

4.1 人工智能赋能影视创作

4.1.1 虚拟数字人

数字人是指使用计算机技术和人工智能技术创建的虚拟人物或数字化人格,它们有类似人类的行为、思维和外貌,能进行模拟和互动。可以将数字人理解为把人类的外貌特征和动作表现转换成数字化的模型,从而在虚拟世界中实现人物模拟。

数字人技术的发展历程主要可以分为三维建模、动作捕捉、人工智能三个阶段。在数字人技术发展的早期阶段,研究人员主要采用三维建模技术来创建数字人。这种方法需要专业的 3D 建模师手工制作数字人的外貌特征和骨骼结构,然后将其导入游戏或电影等应用中。为了让数字人表现出更真实的情感和表情,人们开始研究面部表情捕捉技术。随着动作捕捉技术的发展,数字人的创建开始更加注重动作表现的逼真性。设计师利用传感器捕捉真实人物的动作数据,然后将其应用到数字人模型上,使其能够呈现出各种逼真的动作和表情。随着人工智能技术的发展,人们开始研究使用深度神经网络生成数字人的技术,这种技术可以自动生成更加真实的数字人,能够更准确地理解和模仿人类的语言、声音和外貌特征,并且可以根据用户的需求进行自适应和个性化。

虚拟数字人系统主要涵盖人物形象、语音生成、动画生成、音视频合成显示、交互等

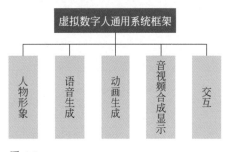

图 4-1
虚拟数字人通用系统框架

五个核心模块，如图 4-1 所示。人物形象的设计按照图形资源维度，划分为二维和三维两大类；从视觉呈现的角度则能细分为卡通、拟人、写实及超写实等多种风格。语音生成模块和动画生成模块可分别基于给定的文本内容，生成相应的人物语音及与之相匹配的动画效果。音视频合成显示模块则将语音和动画元素融合成视频，最终呈现给用户。交互模块则赋予数字人智能交互的能力，通过语音语义识别等技术，准确捕捉用户的意图，并依此决定数字人的语音和动作反应，驱动人物进入下一轮交互。

数字人的发展与人工智能算法、虚拟现实、语音识别、计算机图形学等尖端技术密切相关，技术的不断创新为其发展提供了源源不断的动力。目前，数字人正沿着智能化、便捷化、精细化和多样化的方向稳步发展，迈入成长期。其形象也从最初简单的二维平面形象，进化为具有高度逼真感和立体感的三维形象。

1. 数字人"AYAYI"

2021 年 9 月 8 日，阿里巴巴首位数字人员工 AYAYI 正式亮相，成为"天猫超级品牌数字主理人"，同时也是中国首个超写实数字人（Metahuman）。AYAYI 的底层技术依托美国虚幻引擎平台（Unreal Engine，UE）发布的 3D 高保真数字仿真人生成器（Metahuman Creator），该工具进一步提升了数字人的皮肤质感、光影模拟和渲染能力，使 AYAYI 得以展现出更为真实生动的外表和动作，让人们更容易与其产生情感共鸣，如图 4-2 所示。

图 4-2
阿里巴巴数字人员工 AYAYI

2. 数字人"鲁班"

在数字人"鲁班"的创作初期，山东工艺美术学院师生团队借助 ChatGPT 生成描述语言来初步构建鲁班的形象轮廓，通过列举正面与负面关键词来界定其特点。同时，考虑到 ChatGPT 在中国传统文化认知方面的局限，团队在角色性格、外貌特征、服饰风格、动作表现以及表情设计层面，进行了细致的描述和调整，确保人物塑造的准确性与文化贴合度，以便基于 Stable Diffusion 与 ControlNet 技术进行角色设定时，生成关键词能够无偏差地传达设计意图。

1）角色效果图生成

勾勒"鲁班"形象的线稿草图，包含角色的头身比、体态、姿势等，配合关键词生成角色形象设定效果图，如图 4-3 所示。

图 4-3
Stable-Diffusion 角色设定过程

2）构建语音交互

使其成为具有个性化声音和独有人设、表达能力的生动角色，能够与观众进行"有灵魂"的互动。

通过集成 AIGC 语音模块，如图 4-4 所示，团队为"鲁班"装备了真人般的语音对话功能，利用语音合成技术生成自然流畅的言语表达。结合 ChatGPT 强大的语言理解模型，数字人"鲁班"能够准确辨识、理解用户的语音指令并快速响应。在此基础上，虚幻引擎作为综合数据处理平台，将语音模块与三维模型完美融合，使之具有"聪明的大脑"和"有趣的灵魂"，大大提升了作品的生动性和交互体验的沉浸感。

3）三维数字化创作

"鲁班"作为一个数字人艺术作品，其创作过程深度融合了超写实技术的两大分支：静态与动态表现。因其核心特质为高度的真实性，故在作品的制作和实现过程中都离不开三维建模技术的应用，以复刻现实人物的细节，涵盖肌肤纹理、肌肉构造乃至毛孔等微观特征。静态超写实数字人制作方法如图 4-5 所示。

数字人"鲁班"静态超写实数字人的构建，采用了用于游戏开发的高级建模技术，涉及 3dsMax、MAYA、Marvelous Designer、ZBrush、Marmoset Toolbag、Substance Painter

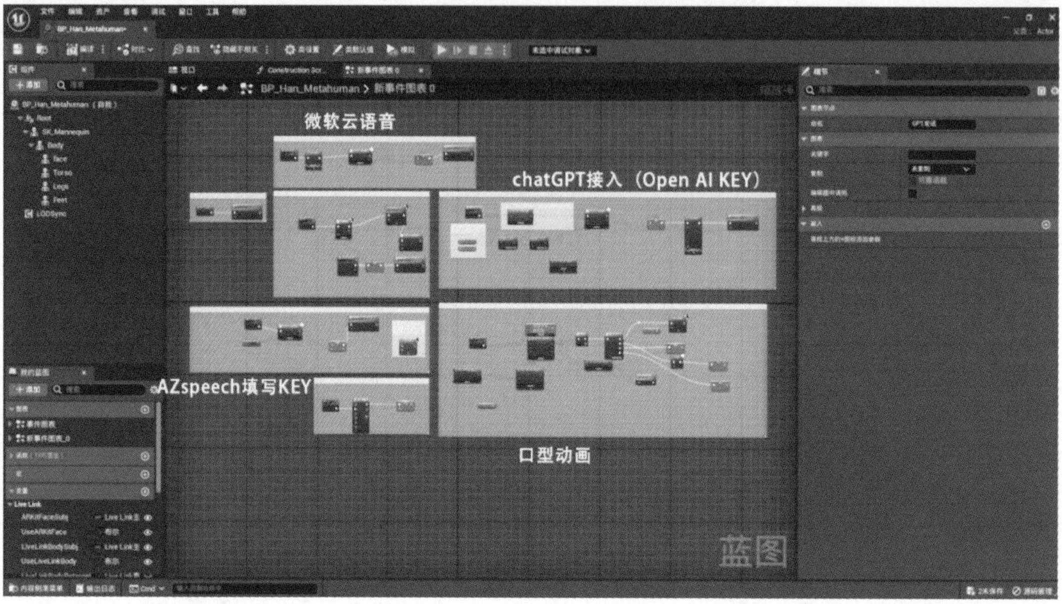

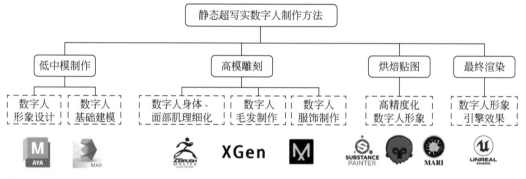

图 4-4

AIGC 语音模块接入虚幻引擎

图 4-5

静态超写实数字人制作方法

等一系列专业三维软件。首先，借助 MAYA 进行数字人的基础建模和毛发制作，以及服饰的建模。其次，用 ZBrush 将低模进行细节处理，使其更贴合写实人物的特征。最后，利用 Marvelous Designer 进行服装制作，结合 Substance Painter 进行贴图材质制作，大大增强了数字人的逼真感。

　　数字人"鲁班"最终是以一个动态超写实数字人的形象展现在观众面前的，并能够与观众交流互动。其制作方法如图 4-6 所示。

　　借助 Metahuman Creator 平台，可以灵活地调整数字人的体型、肤色及面部特征。在 Bridge 的驱动下，该平台还可以无缝对接 MAYA、3ds Max、Blender 等主流三维软件，确保角色细节与骨骼系统的完整迁移。在此基础上，通过精确的权重绑定，实现衣物与骨骼的自然联动，同时对角色进行定制化修改，确保其形象符合中国传统美学理念。最后，借

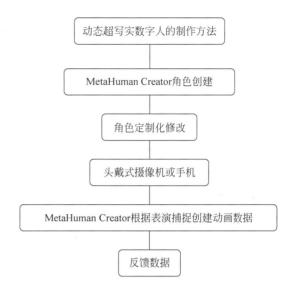

图 4-6
动态超写实数字人的制作方法

助面部及动作捕捉技术，创造出生动的动画，使"鲁班"能够栩栩如生地与观众互动。

3. 数智人"艾雯雯"

2022 年 7 月 21 日，中国国家博物馆在创建 110 周年之际迎来一名特殊的新员工。她就是由腾讯技术统筹、山东工艺美术学院师生团队设计的中国国家博物馆首个虚拟数智人——艾雯雯，如图 4-7 所示。

艾雯雯是由人工智能驱动的数智人，通过三维建模、语音合成、动作及表情捕捉等技术，拥有近似真人的形象和逼真的表情动作，唇部动作能与声音实时同步，具备表达情感和沟通交流的能力；通过腾讯"交互智能"技术，艾雯雯拥有超强的自学习、自适应能力，能够不断更新、丰富自己的知识库，以中国国家博物馆 140 多万件馆藏为基础，构建丰富的知识储备和互动技能，为观众提供高质量的交互体验。

我们通过几张图片来了解艾雯雯在经过学习之后，是怎样讲述中华文明悠久辉煌的历史故事的。

图 4-7
数智人"艾雯雯"

艾雯雯"穿越"后的汉代少女形象，参考了中国国家博物馆中国古代服饰文化展相关服饰和妆容。肤如凝脂、巧笑倩兮，身着素雅襦裙，红色丹脂点唇，耳畔戴珍珠耳饰，发间别金银簪子，尽显汉代女子之温婉，如图 4-8 所示。

触发艾雯雯和文物感应的耳钉创意来源于中国国家博物馆馆藏"海晏河清尊"，如图 4-9 所示。

在古代中国展厅，她作为一名虚拟数智人与馆藏文物产生神奇感应，获得了让"文物活起来"的独特能力，如图 4-10 所示。

图 4-8
艾雯雯"穿越"后的汉代少女形象

图 4-9
触发艾雯雯和文物感应的耳钉

图 4-10
虚拟数智人让"文物活起来"

　　数智人作为数字人的升级版，融合了多模态建模、自然语言处理、图像识别等多项前沿的人工智能技术。其外观形象生动鲜活，在与人的交互对话中表现更为自然。这种全面的 AI 能力赋予数智人更高的智能水平，使其由简单的对话工具跃升为真正具备沟通和交流能力的伙伴。多重技能的整合，使之在与人类互动、对话时表现得更加真实、智能，将人机交互推向了更深层次。目前，数智人已经在教育、娱乐、金融、文旅、传媒等多个领域获得广泛应用，其不仅仅是技术的产物，更是文化与艺术融合的作品，为我们熟悉的工作和生活场景注入新鲜活力。

4.1.2　AI 换脸

　　AI 换脸是一种基于人工智能技术的数字图像处理方法。通过融合深度学习和计算机视觉技术、采集人脸训练模型，可以精准地将一个人的面部特征替换到另一个人的脸上，实现人脸的细致合成和交换。这一技术在电影制作、社交媒体等领域具有广泛应用，可以用于制作特效、改变演员面容等。

　　AI 换脸一般分为以下几个步骤。

　　（1）数据采集和预处理：这一步需要收集大量的人脸图像数据，然后需要对采集到的人脸图像进行预处理，包括人脸检测、对齐、裁剪等操作，以便后续进行特征提取和模型训练。

　　（2）特征提取和模型训练：使用卷积神经网络从预处理后的人脸图像中提取出有用的特征信息，然后使用生成对抗网络对提取出的特征信息进行训练。

　　（3）部署模型进行数据生成：训练好的模型可以将一个人的脸实时替换到另一个人的脸上，生成逼真的视频。这个过程可以在服务器端完成，也可以在客户端完成，取决于实际应用场景的需求，如图 4-11 所示。

　　北京邮电大学本科生创意组"琴鸟 AI 团队"，使用人脸对齐算法、生成对抗网络和元学习等前沿技术，实现了毫秒级换脸及超逼真语音风格迁移，既能换脸又能换声，极大降低了电影制片商等 B 端用户的制片成本。同时，还推出面向 C 端的大众娱乐型 APP，用户可以制作丰富有趣的短视频，如图 4-12 所示。

图 4-11
KREA Canvas——换脸

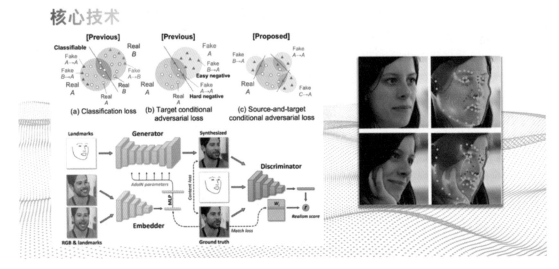

图 4-12
"琴鸟 AI 团队"换脸换声技术

AI 换脸技术为影视制作领域带来了前所未有的便利和创作空间。以往为了展现角色的年轻或老化过程，制作团队往往需要依赖烦琐的化妆技巧和复杂的特效处理。然而借助 AI 换脸技术，这一过程变得快速、精确且简便，显著降低了制作成本，同时这项技术还使演员轻松突破表演不同人物角色的界限。

影片拍摄常常受到演员档期等不可预见因素的制约，导致制作周期延长。此外，动作片的武打场景中，为了确保替身演员不暴露在镜头前，不得不采用特定的拍摄角度，这在一定程度上牺牲了影片的视觉效果。现在借助 AI 的换脸和换声技术，就可以有效解决这些问题。首先让替身演员进行拍摄，然后在后期制作中采用 AI 换脸换声技术，将真正主角的音容替换上去，可以显著降低人工成本、消除不稳定因素，还有利于拍摄视角的自由发挥。

4.1.3 AI 配音

AI 配音技术主要依托深度学习的文本至语音（text-to-speech，TTS）模型。利用深度学习算法与自然语言处理，综合考量表情、嘴部运动及声音波动曲线等因素，通过对真实人声样本的学习，运用文本转语音技术将文本精准转化为语音，同时，更可进一步实现口型同步，确保合成音频与真人发声的高度一致，最终达到与专业真人配音无异的效果。

相较传统的人工配音方式，AI 配音具有随时在岗、随时配音的优势，还能够根据实际需求灵活调整配音效果，在提升配音效率和稳定性的同时有效降低成本。另外，AI 配音还能够实时适应多样化的应用场景，如同时为动画和真人角色配音。目前，AI 配音已经在语音合成、虚拟主播、语音导航等多个领域得到广泛应用。

2018 年 1 月，大型纪录片《创新中国》在中央电视台及各大平台上线。该片由知名导演史岩执导，并得到深圳市委宣传部的全力支持。该片在制作过程中率先引入语音合成技术，是世界首部采用人工智能配音的大型纪录片，如图 4-13 所示。

在配音方面，纪录片模拟了已故著名配音演员李易的声音。团队挑选了李易先生具有代表性的配音作品，通过语音处理技术进行深度分析和编辑，成功构建了声音基础库。随后，根据《创新中国》的稿件内容、声音基础库中的数据，初步合成配音样稿。经过与原声的细致比对和进一步修改完善，最终呈现出高质量的配音效果。

纪录片播出后获得观众的一致好评，这不仅验证了人工智能语音合成技术在影视配音领域的可行性，同时也为未来的人机合作配音模式开辟了新的可能。

2018 年 11 月，在第五届世界互联网大会上，新华社携手搜狗发布了全球首个合成新闻主播——AI 合成主播，被成功"克隆"的"分身主播"播报能力与真人不相上下。这一成就是 AI 合成领域的技术上的重大突破，在新闻领域开创了实时音视频与 AI 真人形象合成的先河，如图 4-14 所示。

图 4-13
大型纪录片《创新中国》

图 4-14
新华社"AI 合成主播"

"AI 合成主播"提取了真人主播新闻播报视频中的声音、唇形、表情动作等特征，运用语音、唇形、表情合成及深度学习等多种技术进行联合建模和训练。

人工智能配音技术的引入，为传统的配音行业带来了新的机遇和挑战。尽管当前还面临着技术和法律层面的限制，但随着人工智能技术的飞速发展和法律的不断完善，我们有理由期待其将为我们提供更丰富、多样化的声音体验。

4.2　人工智能赋能电子商务

电子商务（electronic commerce，EC）在广义上涵盖了所有通过电子方式进行的商业事务活动。在电子商务的早期阶段，货架电商占据主导地位，商品主要通过图片和文字描述的形式呈现在电商平台上，消费者需要主动搜索和筛选所需商品。然而，随着短视频和直播的迅速普及，电子商务经历了巨大的变革，内容电商、网红电商及直播电商等新型模式逐渐成为主流。这一转变标志着电商模式从被动等待消费者，转变为积极向消费者推销商品，经营策略发生了根本性的变化。

随着生成式人工智能大模型的不断完善，人工智能在电子商务行业得到了广泛应用，譬如商品的售前市场推广、售中经营分析、售后智能客服等方面。我们可以通过人工智能对产品、市场及消费行为进行大数据分析，了解用户的需求和消费者的偏好，对具体受众进行个性化推广，辅助商家进行人工决策；借助人工智能对商品售前营销文案、商品的销售包装进行创意设计；利用人工智能生成电商虚拟带货主播、虚拟服饰模特、智能客服等。人工智能为电子商务行业带来了新的发展机遇，电商的智能时代已经到来，引领行业向着更加智能化、个性化的方向发展。

本章节涉及的电子商务设计，主要是指人们在从事电子商务活动过程中，与电子商务有关的商品展示、销售文案宣传及策划等相关的创意设计工作。

4.2.1　创意文案

OpenAI 推出 ChatGPT，标志着生成式人工智能时代的到来。AIGC 技术能够为电子商务行业提供高质量的文案内容，还能为广告、营销、内容创作等领域提供更为精准高效的创意表达方式。

目前主流的大语言模型，如 ChatGPT、百度文心一言、阿里通义千问及科大讯飞星火等，均具备出色的智能分析能力。这些模型能够依据营销人员输入的问题，模拟人类对话，快速提供多样化的创意销售文案，已成为现代营销团队不可或缺的重要工具。

下面以百度文心一言和阿里通义千问大语言模型为例，生成一段营销文案。

1. 百度文心一言生成的销售文案

在百度文心一言中输入"写一篇关于女士长裙的销售文案，字数在 150 字左右"，文心一言会立刻生成对应的销售文案："优雅女士长裙，轻松打造女神范！精选优质面料，柔软舒适，穿着轻盈飘逸。独特设计彰显时尚魅力，无论是派对、约会还是日常穿搭，都能让你成为焦点。多款颜色、尺码可选，满足不同风格需求。穿上这款长裙，释放你的优雅气质，尽享美丽人生！抓住这次机会，为自己增添一抹亮色，成为无法忽视的存在。女士长裙，等你来挑，美丽与你同行！"如图 4-15 所示。

文心一言除了可以根据输入问题，迅速提供多样化、场景化应对方案，还会自动生成

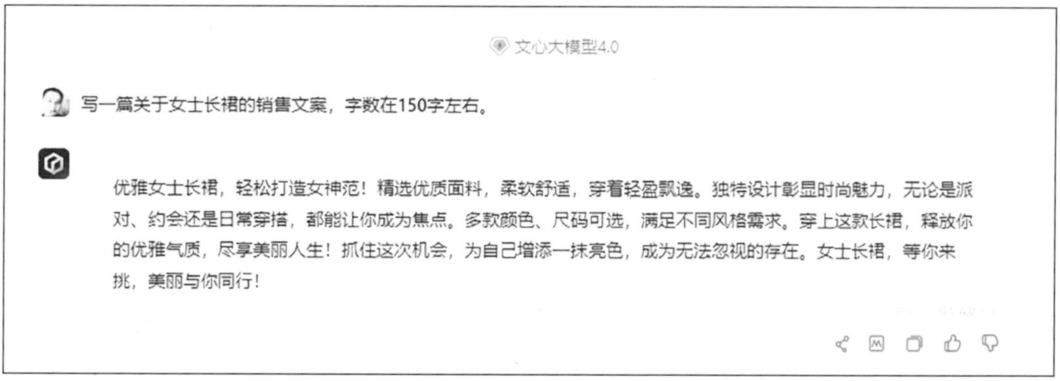

图 4-15
文心一言生成的关于女士长裙的销售文案

一些具有指导意义的提示，协助营销团队进一步优化和完善他们的创意策略。

我们可以继续选择文心一言给出的提示建议："可以增加一些产品的特点、卖点让文案更有说服力。"随后生成的销售文案是："优雅女士长裙，让你轻松成为全场焦点！这款长裙采用高品质面料，触感柔软舒适，穿着轻盈飘逸，让你感受如丝般的顺滑。独特的设计风格彰显时尚魅力，无论是华丽派对还是浪漫约会，都能让你散发出迷人的光彩。长裙的修身剪裁完美展现女性曲线，让你自信满满地展现自己的优雅身姿。此外，多款颜色和尺码可选，满足你不同的个性和需求。别再犹豫了，选择这款女士长裙，让你成为无法忽视的存在，美丽与你同行！释放你的优雅气质，尽情享受美丽人生的精彩瞬间！"如图 4-16 所示。

虽然 AIGC 生成的文案在多数情况下能够提供有力的支持和帮助，但其内容也可能存在一定的误差或不合理之处。为了确保文案的准确性和完整性，人工的修改和完善目前仍然是不可或缺的环节。这需要我们的专业人员具备扎实的专业知识和敏锐的洞察力，以便在必要时进行及时的调整和优化。

2. 阿里通义千问生成的销售文案

在阿里通义千问中输入"写一篇关于女士长裙的销售文案，字数在 150 字左右"，通义千问会迅速生成对应的销售文案："尽显优雅韵味，演绎万种风情，为您呈现本季精选女士长裙。采用高品质面料，亲肤透气，垂感十足，赋予穿着者无法抵挡的舒适体验。设计上融合了时尚与经典，简约而不简单，无论是飘逸的雪纺长裙，还是复古印花长裙，都能轻松塑造出女性温婉高雅的独特魅力。多款式、多色彩选择，满足您在不同场合的需求，让您在职场中自信干练，在约会时甜美动人。让我们的女士长裙，陪伴您在每一个重要时刻，绽放最美的自己。春夏新品限时优惠，赶快行动，把优雅带回家！"如图 4-17 所示。

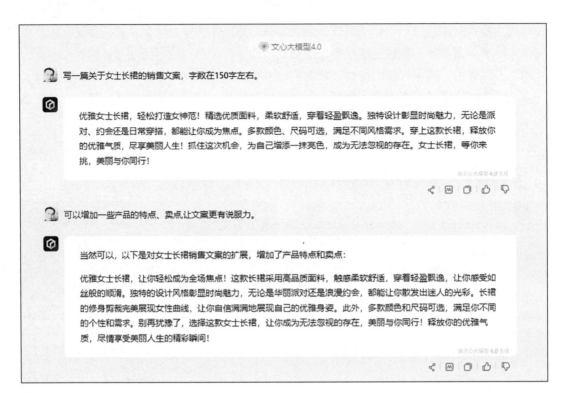

图 4-16
完善后的文心一言销售文案

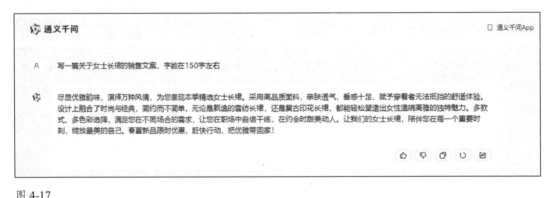

图 4-17
通义千问生成的关于女士长裙的销售文案

　　此外，阿里通义千问还可以进行图片理解和文档解析，根据上传的图片、PDF 文档及输入的相关问题描述，自动生成与图片内容、PDF 文档内容有关的文案和内容。

4.2.2　产品及广告设计

　　许多设计师、广告人及自媒体人开始使用 AIGC 进行产品包装创意设计，带来了意想不到的创意效果，在提高产品的创意效率、降低设计成本及提高用户体验度等方面带来巨大价值。

下面是利用 AIGC 进行产品创意设计的几个案例。

1. 麦当劳"文物"

青铜器巨无霸汉堡、传世宝玉薯条、青花瓷可乐……这是一组由 AI 辅助创作的麦当劳"文物",如图 4-18~ 图 4-21 所示。

这些作品一经推出,就在网络上引起了巨大反响。作品均由 AI 绘画工具 Midjourney 创作,并经历多次迭代和调整。

图 4-18
青铜器巨无霸汉堡

图 4-19
传世宝玉薯条

图 4-20
青花瓷可乐

图 4-21
亮晶晶薯饼

注:图片来源于创作者"土豆人 tudou_man"

2.《Masterpiece》创意广告短片

可口可乐推出的创意广告短片《Masterpiece》,是一部将 AI 增强动画与真人表演巧妙结合的作品。在这部短片中,可乐瓶在威廉·透纳的《沉船》、爱德华·蒙克的《呐喊》、凡·高的《阿尔勒的卧室》、安藤广重的《鼓桥与夕阳》、维米尔的《戴珍珠耳环的少女》等传世名作中传递,如图 4-22 所示。通过 AI 技术的加持,可乐瓶与艺术品之间形成了动态且富有生命力的互动,为这些经典作品注入了新的活力,更以独特的方式展示了可口可

图 4-22
可口可乐创意短片

乐的品牌魅力。

3. 由 AI 主导的雪糕 Sa'Saa

钟薛高推出由 AI 主导的新产品系列 "Sa'Saa"，是冰品行业首款从产品名称到产品口味再到产品设计过程基本由 AI 参与完成的产品，如图 4-23 所示。钟薛高与百度文心一言合作，在此款产品设计开发时使用了包括 ChatGPT、文心一言在内的多款主流 AI 产品。未来人工智能将更全面深入地参与到产品研发、市场需求、品牌营销策划等内容中。

图 4-23
钟薛高系列冰品 "Sa'Saa" 外包装

4. 伊利纯牛奶杭州亚运会产品新包装

2023 年杭州亚运会期间，伊利作为杭州亚运会官方乳制品供应商，从杭州城市特色中汲取灵感，借助杭州地标建筑、中国水墨绘画风格等物象信息，将文化古韵与前沿科技融合碰撞，运用 AIGC 技术辅助打造杭州水墨诗画风格，创新乳制品产品包装，如图 4-24 所示。此外，还同步上线了以 "AI 忆江南" 为主题的产品短片及 H5 沉浸式交互小游戏。

图 4-24
2023 杭州亚运会伊利纯牛奶创意包装

4.2.3　服饰展示及换装

在电商平台中，AI 虚拟模特、AI 虚拟试穿主要用于服装、首饰等穿戴类产品的发布与展示场景。我们来看一下 AIGC 辅助服饰展示及换装的相关案例。

1. 数字模特

牛仔裤品牌 Levi Strauss & Co（以下简称 Levi's）与荷兰人工智能公司 Lalaland 合作，借助 AI 生成的不同体型、身高、肤色和年龄的数字模特展示商品，让消费者在购买商品的过程中，通过选择与自己形象相似的模特试穿服装，获得个性化的购物体验，如图 4-25 所示。

《每日经济新闻》的一组调查报道显示，电商行业每年在摄影和拍摄上的投入成本高达 200 亿至 300 亿元人民币。在传统的模特拍摄过程中，由于需要聘请模特和摄影团队，单张图片的拍摄成本为 300 至 500 元人民币。然而，借助 AI 技术可以大幅降低这一成本。AI 模特的引入不仅降低了制作成本，还可以为消费者提供个性化选择，提升购物体验。目前，国内电商平台已经普遍使用 AI 模特进行商品展示。

阿里巴巴推出 AI 模特"塔玑"平台，可以将商品素材快速与 AI 模特结合，轻松创作出自然、逼真、丰富的海量模特图，如图 4-26 所示。

图 4-25
Levi's 使用 AI 模特展示服装

图 4-26
"塔玑"平台页
面展示

百度打造的 AI 数字人希加加，其外形、服饰、发型及名字均由 AI 技术生成。在面部表情的细腻刻画和动作流畅度的呈现上，都已趋近真实人类的表现力。安踏品牌携手 AI 数字人希加加，发布最新虚拟时装，如图 4-27 所示。在虚拟的舞台上，希加加身着虚拟时装，优雅走秀，生动演绎了安踏探索、创新、先锋的品牌理念。

图 4-27
AI 数字人服装
走秀

2. 智能换装

Outfit Anyone 是阿里巴巴推出的基于扩散模型的虚拟试穿工具。用户仅需上传一张人像照片和一张服装照片，Outfit Anyone 就会将服装元素提取出来，然后生成穿有此服装的人像照片。该工具利用双流条件扩散模型，以服装图像为控制因素，处理模特、服装和带有文字提示的图像，巧妙地处理服装变形以达到更逼真的效果。它基于深度学习和计算机视觉技术，利用海量服装和人像数据，训练出一个能够生成高分辨率、高质量、高逼真度的虚拟试穿图像模型。该模型可以自动识别服装和人物的特征，如形状、纹理、颜色、光照等，并且可以根据人物的姿势和背景，合理地调整服装的位置和大小，使之与人物的身体完美贴合，如图 4-28 和图 4-29 所示。

图 4-28
阿里巴巴 AI 虚拟试穿工具（1）

图 4-29
阿里巴巴 AI 虚拟试穿工具（2）

　　许多可称为"电商神器"的 AI 图像处理工具在各大 AIGC 创作平台上崭露头角，如图 4-30 所示。这些工具具有模特换装、人物替换、背景替换及图像增强等不同的功能，为电子商务领域带来了革命性的变化。

　　目前，AI 虚拟模特、虚拟试穿在时尚服饰设计、电子商务及服饰展示等行业领域得到了越来越多的应用，随着 AI 在电商中的应用场景越来越广泛，未来 AI 虚拟产品主播、AI 产品客服、AI 导购等也将得到更多应用。

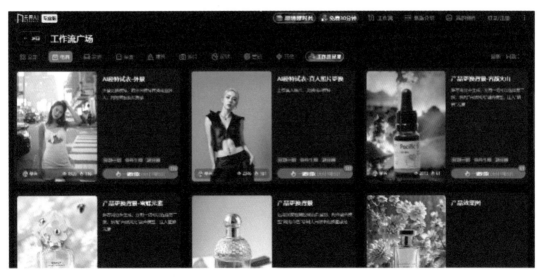

图 4-30
无界 AI 界面

4.3 人工智能赋能游戏设计

随着互联网技术的成熟和智能终端设备的普及，多人在线互联游戏或手游已成为现代娱乐的主流形式。在这种背景下，游戏玩家对游戏的品质期望值不断上升，尤其是在游戏背景视觉效果、角色设计视觉效果，以及游戏的音效、参与度和体验度等方面提出了更高的要求。基于训练数据和生成算法模型的 AIGC 技术，以其强大的自动生成能力，能够自动生成包括文本、图像、视频、代码、3D 模型等多元化的内容和数据。AIGC 作为一种新型内容生产方式，已经深入游戏领域的各个环节，在提升开发效率和质量的同时，为玩家带来了更加丰富、逼真的游戏体验。

AIGC 在游戏制作领域的应用，对传统游戏产业的生产制作方式造成很大冲击。传统的游戏制作主要遵循 PGC 或 UGC 模式。PGC（professional generated content）模式依赖专业制作团队以确保内容的高品质，但制作周期长、制作成本高。UGC（user generated content）模式以用户创作为基石，具有低成本和快速制作的优点，但在内容质量上却难以达到专业水准。

AIGC 技术的崛起，颠覆了这一传统格局，凭借其卓越的计算能力和可视化效果，为游戏制作流程注入新的活力。AIGC 不仅能够更真实地模拟现实世界，还通过智能化的角色设计，为游戏内容带来了随机性和多样性，增强了游戏的交互性和真实感，提升了用户体验，将游戏产业推向了更高层次的发展。

本章节所讲的人工智能赋能游戏设计，主要侧重于人工智能在游戏剧情、角色、场景设计三个方面的赋能。

4.3.1 游戏剧情设计

大语言模型在自然语言处理、内容生成等领域具有独特的优势，随着 AIGC 技术在游戏领域中的深入应用，我们可以模拟各种复杂场景下的人机对话和情境交互，为游戏内容生成提供更多的随机性。游戏情节和对话选项更为丰富、游戏角色表现更加灵活多变，从而进一步提升游戏的内涵和娱乐性。

在传统游戏中，非玩家控制角色（non player character，NPC）和玩家之间的对话往往是通过游戏开发者预先设定的台词来实现的，这种方式限制了对话的灵活性。而 AIGC 技术的嵌入可实现玩家使用自然语言与 NPC 角色进行动态交互，这为游戏剧情的丰富性和实时性提供了强大的支持。

我们来看一下 AIGC 辅助游戏剧情设计的相关案例。

1. AI 游戏《灵月之境》

《灵月之境》是一款基于 AI 技术的游戏。在开发过程中，无论是人物设定、故事情节、声音效果，还是 3D 场景资产、玩法设计等各个方面，均全部采用 AI 技术进行驱动和生成。其中，AI 女主角"灵儿"的角色行为逻辑是基于大模型技术实现的，她不仅拥有独特的智能行为模式，还能在游戏中与玩家进行互动。游戏的所有情节进展也是基于大模型的精准计算。此外,《灵月之境》还允许用户自定义与 NPC 角色的逻辑关系和情节设计,这种设定使得每一位玩家都能在游戏中体验到独特的冒险和乐趣,如图 4-31 和图 4-32 所示。

图 4-31
AI 游戏《灵月之境》

图 4-32
AI 游戏《灵月之境》女主角"灵儿"

2. AI 网游《逆水寒》

在 AI 网游《逆水寒》中,玩家需要从给定的剧本库中选择剧本,根据自己的喜好和策略扮演不同角色。每个剧本都有提前设定好的故事背景和目标,扮演不同角色的玩家发言,和 AI 生成内容一起丰富和完善剧本,直至达成设定目标。此外,《逆水寒》还内嵌了游戏版 ChatGPT,使用户可以与自动生成的智能 NPC 角色进行自由对话,并根据对话内容自主决定角色的逻辑行为反馈,从而打破传统游戏的限制,如图 4-33 所示。

随着 AI 技术在游戏产业中的应用,玩家可以根据自己的喜好和想法,自主上传故事剧本,让 AI 深入学习并理解其中的人物关系、表达逻辑及角色特征。游戏中剧情、地图及关卡等元素都可以通过 AIGC 动态生成。AI 可解析玩家的表达和意图,实时生成剧情互动。玩家享受自己的专属剧情和角色发展,从而获得游戏剧情的个性化体验。

图 4-33
《逆水寒》游戏中弘扬传统戏曲文化的观戏场所

4.3.2 游戏角色设计

游戏角色设计是游戏开发过程中，设计角色的形象、职业、属性、技能、任务等方面的过程。设计师运用变形、夸张、拟人等方法，结合游戏场景与剧情需求，为角色塑造独特的视觉形象，赋予其生命力和灵魂。这些角色不仅是游戏功能的实现者，更是情感传递和故事叙述的媒介，对于游戏整体的沉浸感和玩家体验起到至关重要的作用。

在传统游戏制作中，角色设计环节往往依赖大量游戏美术设计师，耗费相当长的时间绘制草图并不断完善。相比之下，AIGC 技术通过模拟和学习游戏美术设计师的风格，能迅速生成多样化的设计方案，从而显著减少了人力资源和时间成本。

我们来看一下 AIGC 辅助游戏角色设计的相关案例。

1. "AIGC+民艺"游戏角色设计

山东工艺美术学院在"游戏角色设计"这门课程中，带领学生从学校民艺博物馆的丰富藏品中汲取灵感，深入挖掘传统文化的美学精髓，精心塑造出具有鲜明民族风格、独特文化特色的游戏角色形象，如图 4-34 和图 4-35 所示。

在角色的设计过程中，学生们从丰富的民间艺术作品中提炼原型元素，制作完成系列草图，探索运用 Midjourney、Stable Diffusion 等 AIGC 工具，激发创意并不断优化和完善设计方案。

2. 游戏《崩坏：星穹铁道》尝试 AI 应用

在米哈游的最新作品《崩坏：星穹铁道》中，AI 工具的应用已经拓展至角色行为管理、3D 建模优化及 NPC 台词生成等多个维度，如图 4-36 所示。目前，AI 在游戏角色塑造中主要扮演辅助角色，但其潜力与价值已引起业界的广泛关注。

图 4-34
AIGC 游戏角色（1）

图 4-35
AIGC 游戏角色（2）

图 4-36
《崩坏：星穹铁道》游戏角色

4.3.3　游戏场景设计

游戏场景设计是指在游戏开发过程中，对各种建筑物、环境、道具、器械及 NPC 角色等元素进行创造性的构思与实现。通常，游戏场景不仅需要具备独特的艺术风格，还承载着配合游戏剧情发展、烘托氛围和增强人机交互等多重功能。

一般而言，场景制作流程涵盖原画设计概念、3D 模型制作、最终细节的衔接与丰富等多个环节。一个精美且丰富的游戏场景，能够在空间体验、视觉呈现和文化符号传递等方面为用户带来更加沉浸式的交互体验。

在 AIGC 生成虚拟场景方面，NVIDIA 研究中心开发的全新 AI 模型 Neuralangelo，运用神经网络进行 3D 重建。这一模型具备将 2D 视频内容转化为 3D 结构的能力，可以生成现实世界的建筑物、雕塑和其他物体的逼真虚拟复制品。这些生成内容在游戏或数字孪生虚拟环境中得到广泛应用。

腾讯 AI Lab 借助 AIGC 技术推出了一套 3D 游戏场景自动生成解决方案，可以在短时间内创造高度拟真且多样化的 3D 虚拟城市场景，涵盖城市布局的生成、建筑外观的设计，以及室内映射的生成等多方面。

我们来看一下 AIGC 辅助游戏场景设计的相关案例。

1. AI 仿真游戏《模拟飞行》

微软与奥地利公司 Blackshark 携手打造的实时内容生成游戏《模拟飞行》，为玩家提供了身临其境的飞行体验。在游戏中，玩家驾驶飞机穿梭不同地点，整个游戏世界基于 Bing 3D Map（必应卫星 3D 地图）构建。通过整合 Azure AI 技术，游戏可以创建出精细入微的地图、景物、城市建筑和逼真的气象效果，为玩家呈现真实广阔的飞行世界，如图 4-37 所示。

2.《Magic Valley》虚幻场景

3D 艺术家 Brandon Tieh 运用 AI 创作的《Magic Valley》虚幻场景，以一系列色彩的

图 4-37
《模拟飞行》游戏场景

变化展现生动氛围。从鲜艳的深红色到静谧的蓝色，再到郁郁葱葱的绿色，多种色彩魔幻般融入场景，为观众带来了独特的视觉享受，如图 4-38 所示。

3. AI 游戏《Tales of Syn》

在《Tales of Syn》游戏的制作过程中，作者首先从谷歌城市景观地图中获取了丰富的图像资源。随后，利用 DreamBooth 训练 Stable Diffusion 模型的方法，成功地将这些图像转化为不同艺术风格的游戏地图，同时借助 Stable Diffusion 的图片生成能力，生成 2D 关卡文件的开发流程，如图 4-39 所示。

图 4-38（上）
《Magic Valley》虚幻场景

图 4-39（下）
AI 生成的《Tales of Syn》游戏场景

4. AI 赋能游戏场景设计课程

山东工艺美术学院在游戏角色设计、游戏场景设计、游戏策划和 UI 设计等专业课程中，积极引导学生运用 AIGC 技术进行创新实践。图 4-40 和图 4-41 展示的是在游戏场景设计课程中，学生们借助 AI 技术所创作的游戏场景实例。

图 4-40
AI 生成的游戏场景（1）

图 4-41
AI 生成的游戏场景（2）

目前，AIGC 在游戏设计领域的应用已经相当广泛。它不仅在游戏原画创作方面有着出色的表现，还在游戏贴图的生成与处理、实时画面增强、风格化、浮雕及 3D 场景生成等多个方面得到了普遍的应用。诸如 Unity 和虚幻引擎 5 等主流游戏引擎，在利用 AI 生成 3D 内容方面均取得了较大成就。

4.4　人工智能赋能建筑设计

借助深度学习、生成对抗网络、自然语言处理等技术，智能分析建筑数据和艺术风格，从而生成新颖、独特的建筑设计方案。这些方案可能会超越传统的设计框架，呈现出更加前卫、具有未来感的建筑形态。

AI 可以在建筑设计过程中为设计师提供实时的反馈和优化建议，帮助其更好地理解空间布局、材料选择、光影效果等方面的影响，优化设计目标。此外，AI 还可以借助模拟和仿真技术，帮助设计师在不同条件下对建筑方案进行测试和评估，提前发现潜在的问题并及时调整，提高建筑设计质量。

人工智能赋能建筑设计，不仅拓展了设计的可能性，也为建筑行业带来了更加智能化、高效化的设计流程，推动了建筑艺术与科技的融合与发展。

4.4.1　未来主义建筑

随着人工智能获得与人类相似的想象力和独立认知能力的进步，其在建筑设计领域展现出巨大的潜力。通过将自然元素融入建筑设计内涵，人工智能可以为未来的建筑环境塑造带来新的可能。例如，通过深度学习算法分析自然景观的美学特征，并将其融入建筑设计中，可以创造出与自然和谐共生的建筑环境。这种创新性的应用不仅提升了建筑设计的艺术性和可持续性，同时也为人工智能在建筑领域的发展开辟了新的道路。本节课我们将欣赏几幅 AIGC 赋能未来主义建筑设计的作品。

1. 珊瑚礁酒店（Hotel REEF）

珊瑚礁酒店是一座嵌入海洋生态系统的生物结构建筑，如图 4-42 所示。该酒店是需要修复的珊瑚礁的一部分，包括水上和水下两部分。珊瑚礁就是酒店，酒店也是珊瑚礁的一部分。室内设计灵感来自复杂而丰富的珊瑚结构，外部是由珊瑚礁形成的一个连续的不可分割的整体。

酒店主体结构被用作珊瑚生长的平台，以增加生物多样性，住在酒店里的客人会感觉自己被海洋生物环绕，并成为这个生生不息的系统的一部分。海洋环境的室内设计与海洋的自然景观，营造出无限遐想和放松的氛围，如图 4-43 所示。

生物建筑是一种设计与自然和谐相处的建筑设计理念。在建筑领域使用自然元素作为设计的一部分，可以促进功能和美学设计相统一，减少碳排放。

这个设计作品的独特之处在于它从生物结构中汲取灵感，将有机形态运用到外观、室

图 4-42（上）
珊瑚礁酒店
作者：Opal Naomi Markus Ilan

图 4-43（下）
珊瑚礁酒店餐厅设计

内、家具的各个设计环节。自然有机体具有最佳的结构和骨架，可扩展并能够在其进化过程中生长，该设计从这一方面获得灵感。在视觉冲击力方面，设计师突破界限，将海洋生物环绕的氛围带入实用空间，并在天花板等元素中发挥生物形态的潜力，使其更能适应空间结构。

设计师很好地理解了 AI 生成过程，利用人工智能辅助设计，突破艺术和设计的界限，通过整合深水环境和实用建筑，创造从外部到室内设计的整体建筑过程，为建筑带来多样化的非传统结构空间表现。

2. 和谐人居（Harmonious Habitat）

该设计作品秉承可持续发展和环境管理的精神，揭示建筑与自然和谐共处的方式，旨在丰富建筑环境和维持我们的生态系统，如图 4-44 所示。

该作品由 AI 图片生成工具 Midjourney 辅助生成。其独特的泡泡形建筑很有特色，与传统的建筑形式截然不同，这些泡泡的设计灵感来自自然界中的有机形状，每个泡泡都经过精心设计，以优化自然光线和通风体验，创造出舒适和自然的居住环境。

作品将可持续发展放在首位。从环保材料的选择到绿色设计原则的实施，每一个方面

图 4-44 和谐人居
设计团队：Yuli Sri Hartanto、
Sri Moelyono Kurniawan

都经过精心考虑，以尽量减少对环境的影响，促进人与自然的和谐共处。

3. 小森林住宅（Zenith Grove）

小森林住宅巧妙地坐落在一棵树上，代表了未来主义美学和有机形式的和谐融合，重新定义了当代生活。作品的名字 Zenith Grove 是对这座非凡建筑的精髓的简要概括，象征着它在郁郁葱葱的森林树冠中作为卓越设计的崇高地位，如图 4-45 所示。

作品充分体现了亲生物设计的核心理念，完美融入自然环境，展现了建筑与大自然和谐共生的未来愿景。在设计细节上，采用交织的树枝作为结构元素和美学焦点，不仅创造了视觉上的吸引力，还强化了居住者与自然环境之间的紧密联系。

在室内设计方面，住宅的空间规划也经过了精心考量，最大限度地利用了自然光和通风条件。无论是周围的森林景观，还是室内由可持续材料制作的定制家具，都体现了作者对细节的关注和对居住者需求的深度理解。整个住宅的设计旨在为居住者打造一个宁静舒适的休养场所，该作品借助了 Midjourney 及 Adobe Photoshop 等工具辅助完成，如图 4-46 所示。

图 4-45（上）
小森林住宅
设计团队：巴法林工作室

图 4-46（下）
小森林住宅室内设计

4.4.2　建筑与自然和谐共处

印度建筑设计师 Manas Bhatia 认为：人工智能参与到建筑设计中，十分有利于可持续发展，先进的技术或许可以解决人与自然之间的矛盾。他认为大自然是最好的建筑师，要向大自然学习设计。他希望创造一个与自然共生的建筑，可以像植物一样生长和呼吸的建筑。

他的人工智能设计作品共生建筑（Symbiotic Architecture）中，设计了一个超现实的未来场景，那里有"共生"的建筑公寓楼，看起来像巨大的空心红木树。这个公寓楼是活的，可以生长，以满足日益增长的住房需求。如图 4-47 所示。

图 4-47
共生建筑
作者：Manas Bhatia

人工智能在不断发展的同时，也加速了我们对环境和社会价值观的认知改变。利用深度学习的 AI 可以拥有独立的认知能力，并获得与人类相似的想象力和创造力。

由 Archi Hacks 和 Arch Hive 主办的人工智能建筑竞赛允许参赛者使用人工智能工具生成图像，如 Midjourney 和 DALL-E。本节课我们将欣赏此次竞赛中的几幅获奖作品。

1. 冬季时装店（Winter Fashion Store）

当我们想到冬天或寒冷的天气时，首先会想到一件温暖的衣服。冬季时装店应该从它的建筑特色中烘托出温暖的气氛，以热情欢迎顾客，而不是通过设置广告牌或模特照片的方式让顾客知道这是一家冬季时装店。

基于这个设计思想，作者从商店的外立面入手，设计一些有趣的特征，如毛茸茸的大球、包裹的毯子、编织的羊毛等；图案灵感来自大自然，如棉蚜虫的皮肤、飞蛾的皮肤、蒲公英的蓬松球、黑天鹅的羽毛等；色彩方面，使用能给人大胆印象的黑白组合，并搭配舒适的暖色调光线。把这些元素生成提示词，使用 AI 工具生成设计思想，创造一个令人着迷的冬季时装店，如图 4-48 所示。

评审团评论：该作品是 AI 图像生成在细节和能力把控方面很好的例子。作者借助人工智能技术设计出一系列具有持续风格的概念效果图，设计师能够很好地控制人工智能工具在设计方向、美学和细节等方面的输出水平，展现出与人工智能合作的潜力。

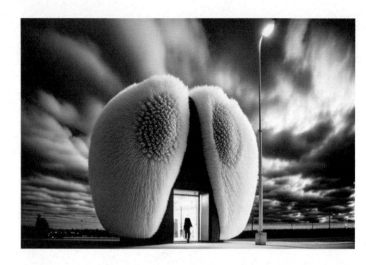

图 4-48
冬季时装店
作者：Jenifer Haider Chowdhury

2. 冰山酒店（The Iceberg Hotel）

作品设计思想：冰山酒店是一个比现实更虚幻的设计作品。冰山酒店随着北极的季节变化，被雕刻成一个仿真的冰山，客人宛如住在一个自然奇观里，内部设计展示了冰的自然之美。

冰山酒店由两个大型发动机提供动力，能够遵循北极的季节模式驻扎和移动。独特的位置和设计使其成为冒险家和自然爱好者心中完美的目的地，使人用一种独特的方式体验和探索北极，如图 4-49 所示。

评审团评论：作品利用人工智能精确生成清晰和高分辨率的设计效果图。冷色调的灯光营造出忧郁而浪漫的氛围。

3. 北欧酒店（Nordic Hotel）

作品设计思想：该作品融合山脉和雪景，用特殊的设计形式和设计风格把斯堪的纳维亚山脉和有机形态建筑语言结合在一起，提供独特的体验，如图 4-50 所示。

评审团评论：作品利用人工智能拓展了人类的想象力，生成非常规的、创新的设计元素，为建筑设计拓展了新的视角。室内设计大气、令人信服。人工智能生成图像对未来建筑项目有启示作用。

图 4-49（左）
冰山酒店
作者：Steve Brodie

图 4-50（右）
北欧酒店
作者：Mohamad Darkazanli

4.4.3　创意建筑探索

AI 图像生成工具作为生成式人工智能领域研究的焦点，其技术迭代和更新也在持续进行中。它们通过深入分析海量图像并与文字语言进行关联，构建庞大且复杂的数据网络，能够在几秒钟内根据简单的提示词创造出令人惊讶的视觉效果图，极大地丰富了我们的创意库。

作品《宋韵》借助 AI 技术探索景观建筑与传统山水画融合创新设计的可能性，通过 AIGC 技术，成功将当代建筑设计与书画的艺术形式相结合，展现出独特的文化意境，利用工笔画、山水画大模型和山水画家风格的 Lora 模型，呈现出富有独特文化意境的景观建筑作品，用 AIGC 技术实现了跨时代、跨领域的艺术共振，如图 4-51 所示。

某图形创意课程以"空间中的图形创意"为题，将图形分为描述性、象征性、几何类、文字类和题材类等多种类别，借助生成式人工智能技术，将图形创意置入空间展示，探索新媒体艺术与建筑艺术的交叉融合与互动，拓展学生的创造性思维和概念化表现能力，学生作品如图 4-52 和图 4-53 所示。

图形创意与空间营造相融合，不仅使学生掌握了基本的创意技巧与流程，达成了教学目标，更充分激发了学生的想象力与创作热情，具有探索性和启发意义。

人工智能生成的图像是否符合大众审美？人工智能生成的房子符合设计师的设计思想

图 4-51（左）
宋韵：AIGC 风格表现探索
作者：王子铨

图 4-52（右）
遗落之光
作者：董雯洁

吗？人工智能在建筑设计中扮演什么角色及它未来将引领建筑业走向何方？人工智能是否会取代设计师？基于这些疑问，在 Non Architecture 举办的一场建筑设计竞赛中，以 AI 生成图像的方式，就"人工智能很棒，但设计并未失去生命力"这个话题进行讨论，探讨人工智能对建筑设计的影响和未来的发展方向。

投稿作品中，一些设计师突破传统思维、发挥想象力，探索创意建筑设计，借助 AIGC 工具，超越传统的建筑设计框架，生成别具一格的建筑效果图。投稿作品之一《水果屋子》（Arcimboldo）如图 4-54 所示。

图 4-53
梦的空间
作者：黄晨帆

图 4-54
水果屋子
作者：Renzo Dagnino

思考

1. 相比于"数字人"，"数智人"有哪些提升？

2. 请你结合日常生活中的在线购物体验，想想在购物过程中哪些环节是 AIGC 参与完成的，AIGC 在电子商务领域中还有哪些新应用？

3. 探讨在游戏设计过程中，艺术家和设计师应如何把握 AI 技术的运用，保持作品的艺术性和原创性？

4. 打破现有思维的束缚，尝试使用人工智能工具设计一个建筑作品，感受人工智能技术作为一种"未来创造力"，在扩展和增强建筑设计师的能力，以及塑造未来建筑环境方面的潜力。

延伸阅读

1. 杜雨，张孜铭 . AIGC 智能创作时代 [M]. 北京：中国出版集团中译出版社，2023.

2. 周文军 . 人工智能与建筑未来 [M]. 北京：中国建筑工业出版社，2020.

第 5 章

AIGC 辅助设计应用与拓展

5.1 课程设计实例赏析

技术作为艺术和创意表达的强有力的助推器，能够激发无尽的创造力和想象力。本章节将分享如何将生成式人工智能（AIGC）工具有效引入设计创作实践中，并探寻此类技术如何为游戏艺术设计、摄影和视觉传达等领域带来创意和效率的提升。

山东工艺美术学院游戏艺术设计专业 2023 届毕业展巨幅海报如图 5-1 所示，其主图像是以校园内标志性景观"火车头"为关键提示词，借助 Midjourney 生成，海报内容融合了学校建筑、地标景观（如雕塑"鲁班锁"）和周围环境，采用了复古像素游戏风格呈现画面。

图 5-1
毕业展海报（Midjourney + Photoshop）

　　山东工艺美术学院还积极探索将 AIGC 工具融入传统的艺术和设计课程体系。例如，数字艺术与传媒学院联合学校民艺馆开展课程共建，在数字造型与角色设计等核心专业课程的设置中，基于 AIGC 技术对传统民艺作品进行数字转化与再设计，赋予了民间艺术作品全新的艺术表达形式。部分课程设计作品如图 5-2～图 5-11 所示。

图 5-2（左）
淮阳泥狗狗

图 5-3（右）
AI 转化作品（徐子萌）

图 5-4（左）
胶东棒槌花边

图 5-5（右）
AI 转化作品（董文迪）

图 5-6（左）
山西布玩具

图 5-7（右）
AI 转化作品（董文迪）

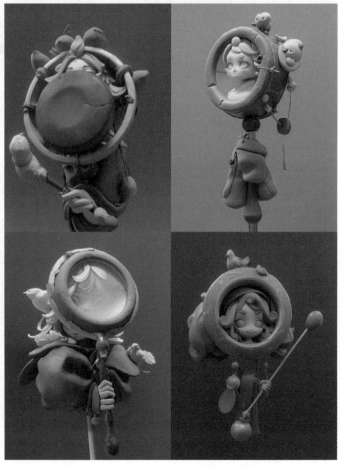

图 5-8（左）
叫卖用拨浪鼓

图 5-9（右）
AI 转化作品（王锦溢）

图 5-10（左）
陕西虎头帽

图 5-11（右）
AI 转化作品（王锦溢）

　　AIGC 工具的引入，为实验性和探索性的设计实践开辟了新路径。借助此类工具，设计师能够高效地尝试不同的创意，而不受制于传统设计工具和实体材料的局限。

　　如图 5-12 所示即为借助 AIGC 工具，对艺术家顾群业的作品《龙》进行的全方位解构与诠释。

　　游戏艺术设计专业的学生借助 AIGC 工具，将顾群业的作品《龙》这一形象与自己团队毕业设计作品中的皮影风格进行了融合与实验，如图 5-13 所示。

图 5-12
"龙"的解构（李杨、
李艳欣）

图 5-13
《龙》的皮影实验
（王子辰）

5.2　海报设计

海报是一种信息传递的艺术，是一种大众化的宣传工具，广泛应用于广告宣传、活动推广、产品发布、电影上映、音乐会演出等各种场景，通过视觉传达的方式，吸引公众注意力，传递信息和营造氛围。海报设计需要围绕广告的意图和目的，综合运用图像、文字、色彩、版面、图形等元素，进行平面艺术创意性设计。

5.2.1　设计平台——ChatGPT

可以借助 ChatGPT 等文生文模型平台，生成初步的设计概念、设计元素、排版建议等，帮助设计师在设计过程中找到灵感和方向。

1. 入门指南

1）访问和登录

访问 OpenAI 官网或相关平台获取 ChatGPT 服务。如果需要，则进行账户注册和登录。

2）界面简介

（1）文本输入框：在此输入你的问题或指令。

（2）聊天历史：显示你和 ChatGPT 的对话历史。

（3）功能按钮：如图像生成、代码执行等。

（4）基础使用：直接在文本框输入你的问题或指令，如"告诉我关于量子物理的信息"。使用明确、具体的语言可以获得更准确的回答。

2. 功能介绍

ChatGPT 拥有强大的文本生成能力，除了可以解答问题、翻译语言、创作文案及反馈和评估设计外，还有以下功能。

（1）编程和代码执行：可以请求编写、解释或执行代码。支持 Python 等多种编程语言。

（2）数据分析和图表生成：提供数据分析服务，包括数据处理、统计分析和图表绘制。可上传数据文件或提供数据链接。

（3）图像生成（DALL-E）：根据描述生成图像。适用于创意设计、教育、娱乐等领域。

3. 使用技巧

使用 ChatGPT 生成高质量的创意文案时，可以利用一些实用的技巧来提升文案质量和准确度。

1）明确、具体地提问

（1）精确描述需求：提出具体、明确的问题可以获得更准确的回答。例如，不是泛泛地问"告诉我一些科技新闻"，而是具体问"最近有哪些关于人工智能的重大新闻"。

（2）分步提问：对于复杂的问题，分步提问可以帮助 ChatGPT 更好地理解你的需求。

2）利用多轮对话

（1）迭代精化：如果 ChatGPT 的首次回答不够准确或完整，你可以通过追加问题或要求进行修改来迭代、优化回答。

（2）详细反馈：提供具体反馈可以帮助 ChatGPT 更准确地调整回答。

3）利用特殊功能

（1）编程和数据分析：如果需要编程帮助或数据分析，则提供具体的代码片段或数据样本以提高工作效率。

（2）图像生成：在使用 DALL-E 平台相关功能时，提供详细的图像描述可以获得更准确的生成结果。

4）避免敏感和复杂话题

（1）遵守使用政策：避免提出违法、不道德或涉及版权问题的请求。

（2）隐私保护：不要分享个人隐私和重要信息，如密码、身份信息等。

5.2.2　案例介绍——音乐节海报

本节将以音乐节海报设计为例，介绍借助 ChatGPT 辅助设计流程与操作方法。音乐节海报采用"都市夜景"作为设计主题。

1. 项目介绍

（1）用户：我需要设计一个音乐节的海报，主题是"都市夜景"。

（2）ChatGPT：听起来是个有趣的项目！对于"都市夜景"主题，您可能会考虑使用城市天际线、星空、霓虹灯等元素。您希望海报传达出怎样的氛围？比如梦幻、活力、神秘等。

2. 设计元素讨论

（1）用户：我想要一种神秘而现代的感觉，主色调可能是深蓝和紫色。

（2）ChatGPT：这种色调很适合营造神秘和现代的氛围。您可以考虑在海报中加入一些抽象元素，如几何图形和流线型设计，以增强现代感。同时，深蓝和紫色背景中可以加入一些亮色（如白色或亮蓝色）的高光点，来描绘星空或城市灯光。

3. 文字和排版

（1）用户：海报上需要包含哪些文字信息？

（2）ChatGPT：一般来说，音乐节海报应该包括音乐节的名称、日期和时间、地点、主要演出者或嘉宾、票务信息和赞助商的标志。关于排版，清晰可读是关键。您可以使用现代无衬线字体，以保持设计的现代感。

4. 最终调整

（1）用户：我应该怎样调整设计以确保最佳的视觉效果？

（2）ChatGPT：在最终设计中，保持元素间的平衡非常重要。尝试使用网格布局来确保元素的对齐和分布均衡。同时，注意色彩对比和空间利用，避免过于拥挤或空旷。最后，确保所有文本信息都易于识别和阅读。

5.3 卡通形象及周边设计

卡通形象及周边设计广泛应用于品牌与产品推广、文化传播与公共关系、娱乐与媒体产业等各种场景，卡通形象设计不仅在传统媒体和实体产品设计中起着重要作用，还随着数字时代的到来，在社交媒体及在线广告等新媒体环境中被广泛应用。

本节将以"独角鲸"这一卡通形象为例，介绍借助 AIGC 技术辅助卡通形象及周边设计的流程与操作方法。

5.3.1 设计平台——DALL-E

1. DALL-E 简介

目前，DALL-E 已经集成在 Microsoft Bing 中，用户可以通过 Bing 来访问和使用其功能。此外，也可以通过 ChatGPT Plus 订阅服务来访问 DALL-E。历经多次版本迭代，DALL-E 在理解细节和上下文方面都有了显著提升，可以更准确地根据文字描述生成图像。配合 ChatGPT 等文生文模型，更快捷有效地生成 Prompt（提示词），优化生成图像。同时，DALL-E 更加强调安全措施，禁止生成含有明确侵略性或歧视性内容的图像，为用户提供更为安全的使用环境；为了尊重知识产权并避免侵犯版权，DALL-E 也禁止生成如在世公众人物或活跃艺术家风格的图像。

2. 功能介绍

1）通用风格生成

在使用关键词进行具体描述时，可以使用类似明亮的色彩、模糊的轮廓（印象派风格）的词汇，生成如印象派、抽象及超现实主义等艺术风格。

2）艺术家风格生成

可以模仿那些作品已进入公有领域的历史艺术家的风格，如凡·高、莫奈等。需要注意的是，应避免直接复制在世艺术家的风格，或者那些在版权保护期内的艺术家的风格。

3. 入门指南

1）生成图像尺寸和数量细节

（1）图像标准尺寸：1024×1024 像素（正方形）。

（2）图像宽屏尺寸：1792×1024 像素（适合风景或宽屏格式的图像）。

（3）图像全身像尺寸：1024×1792 像素（适合全身人像或高瘦型的图像）。

（4）图像生成数量：一次生成 1 张图像。

随着 DALL-E 系列模型不断迭代升级，具体的尺寸选择可能会有更多的灵活性。

2）图片风格类型

（1）现实主义：逼真的、类似照片的图像。

（2）卡通和插画：卡通风格或儿童插画等。

（3）抽象艺术：非具象的、强调色彩和形式的艺术风格。

（4）历史艺术：如文艺复兴、巴洛克、印象主义等。

（5）科幻和幻想：描绘未来或奇幻世界的图像。

（6）自然和风景：自然风光、城市景观等。

4. 使用技巧

使用 DALL-E 平台生成高质量的创意图像时，可以利用一些实用的技巧以提升图片质量。

1）关键词描述

（1）明确具体：在描述时提供尽可能多的细节。例如，不仅描述"一条狗"，而是"一只棕色的拉布拉多犬在雪地上嬉戏"。

（2）注重形容词：使用与视觉特征、色彩配置、情感氛围相关的形容词，可以帮助DALL-E 更好地理解你想要的视觉效果，如"明亮的""阴暗的""活泼的"等。

（3）风格倾向：如果有特定的艺术风格偏好，则可以在描述中明确指出，如"凡·高风格的星夜""印象派风格的花园"，或者"一个用鲜艳色彩和夸张形式绘制的幸福家庭场景，类似表现主义风格"。

2）分层描述

（1）组合元素：可以在描述中结合多个元素，如"一座位于湖边的现代玻璃屋，周围环绕着郁郁葱葱的树林"。

（2）方向和布局：提供物体的方向和布局，如"左侧有一棵大树，右侧是落日余晖下的湖面"。

3）迭代细化

（1）多次尝试：如果首次生成的图像不符合预期，则可以对描述进行微调，然后再次尝试。

（2）结合多个图像：必要时，可以通过结合多个生成的图像来创造出最终想要的效果。

4）注意版权和道德问题

（1）避免侵权：不要请求生成可能侵犯版权或涉及敏感内容的图像。

（2）尊重原创：即使是受到某种风格启发生成的图像，也应确保其具有一定的原创性。

5）保持创意性和实验性

（1）尝试不同的组合：即使是看似不搭配的元素组合，有时也能产生意想不到的创意效果。

（2）不断探索：DALL-E 的强大之处在于它能够创造新颖的视觉内容，所以不要害怕尝试新的想法。

5.3.2　案例介绍——"独角鲸"卡通形象

本节将围绕"独角鲸"这一卡通形象，讲解如何借助 DALL-E 平台辅助形象设计及周边设计。

（1）输入提示词："设计粉红色独角鲸的卡通形象，在保持角色特征一致性的前提下，设计系列表情包，背景蓝色，横幅构图"，生成图像如图 5-14 所示。

注意：早期的 DALL-E 版本不支持中文生成，如有与中文相关的提示，可能会生成如图 5-14 所示的特殊符号，使用最新版本或者借助 Photoshop 等图像软件编辑处理即可解决。

图 5-14
DALL-E 生成表情包

（2）输入提示词："设计粉红色独角鲸的卡通形象，在保持角色特征一致性的前提下，设计系列表情包，背景蓝色，横幅构图，并给每个表情添加英文问候语和对话气泡"，生成图像则如图 5-15 所示。

注意：截至 2024 年 4 月的 DALL-E 平台，虽可根据需求生成英文，但拼写错误概率较高，需后期修改。

（3）输入提示词："每个表情加入表示不同心情的英文及表情元素符号"，生成图像如图 5-16 所示。

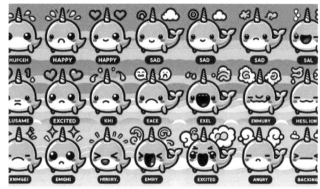

图 5-15（上）
DALL-E 生成表情包（文字版）

图 5-16（右）
DALL-E 生成表情包（文字及表情符号）

　　图中的英文拼写依然存在大量错误，且英文意思与表情不能完美对应，需后期调整。
　　（4）输入提示词："画一件印有这个形象的 T 恤"，生成图像如图 5-17 所示。
　　从图 5-17 中不难看出，独角鲸的形象变形较为严重。可使用同样的描述再次尝试生
成，如图 5-18 所示。

图 5-17
DALL-E 生成服装

图 5-18
DALL-E 生成服装（再次尝试）

　　在 DALL-E 的平台界面中，单击图像页面右上角的"⑥"图标，可以看到关于此次生成图像的相关描述，如对图片风格较为满意，可尝试复制或者微调这些描述，再次生成类似图像并进行选择，如图 5-19 所示。

　　（5）输入提示词："以此形象设计儿童玩具"，生成图像如图 5-20 所示。

　　还可以尝试不同的提示词，生成图像如图 5-20 和图 5-21 所示。

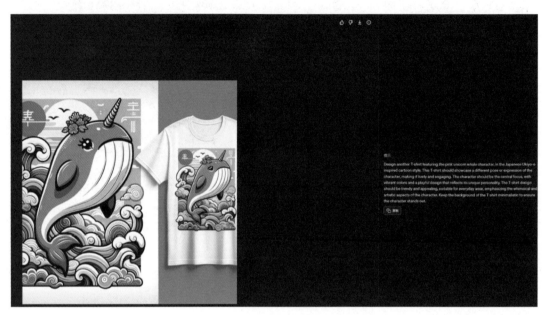

图 5-19
查看图片描述

图 5-20
DALL-E 生成玩具和拼装玩具

图 5-21
DALL-E 颗粒拼装玩具写实照片生成图

（6）输入提示词："给这个形象起名为 NAR，设计复古海报"，生成图像如图 5-22
所示。

还可以尝试其他提示词，生成图像如图 5-23~ 图 5-25 所示。

（7）设计 Logo，输入提示词"以此形象设计 Logo，并配以独角鲸工作室英文字体"，
生成图像如图 5-26 所示。

再次输入提示词"更加图形化，更加抽象，注意黄金比例"，生成图像如图 5-27 所示。

图 5-22
DALL-E 生成
海报

图 5-23
DALL-E 老式铁皮发条玩具生成图

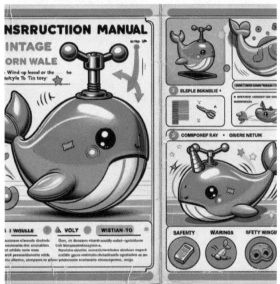

图 5-24
DALL-E 玩具包装生成图

图 5-25
DALL-E 玩具说明书生成图

图 5-26
DALL-E 生成 Logo（1）

图 5-27
DALL-E 生成 Logo（2）

5.4　漫画绘本制作

漫画绘本作为一种融合叙事艺术、视觉美学与文化表达的综合性载体，在教育、文学、娱乐以及文化传播等诸多领域都有广泛应用。

本章的最后将以《勇敢的铠甲少女》这一原创漫画绘本为例，介绍借助 AIGC 技术辅助漫画创作，提升绘本制作效率与艺术表现力的流程与操作方法。

5.4.1　设计平台——Midjourney

1. Midjourney 简介

Midjourney 是一款文生图大模型，自 2022 年 3 月发布以来，不断更新其算法模型，包括版本 2（2022 年 4 月）、版本 3（2022 年 7 月）、版本 4（2022 年 11 月的 Alpha 版本）、版本 5（2023 年 3 月的 Alpha 版本）等。到 2023 年 12 月，Midjourney 发布了从头开始训练的版本 6，加入了更好的文字表现和更字面化的提示解释支持。如图 5-28 所示为 Midjourney 官网页面。

Midjourney 目前仅通过 Discord 机器人进行访问，官网界面如图 5-29 所示。用户需要通过输入 /imagine 命令并附上文字提示来生成图像。这个机器人可以在官方的 Discord 服务器上找到，也可以邀请其至第三方服务器。

2. 功能介绍

（1）艺术和媒体风格：可以用提示词指定艺术媒体或风格，例如"水彩画中的盔甲骑士"或"中世纪手抄本风格的盔甲骑士"。

图 5-28
Midjourney 官网

图 5-29
Discord 官网

（2）表情和颜色：提示词中可以添加情感或颜色元素，例如"快乐的狗"或"红色的月季花"，从而进一步定制图像。

（3）图像操作：用户可以通过重新生成（reroll）、创建变体（variations）、放大（upscaling）等方式，对初始生成的图像进行进一步操作和定制。

（4）内容审查：Midjourney 曾使用基于禁止词汇的内容审查机制，但从 2023 年 5 月开始，转为使用 AI 驱动的内容审查系统，允许更细致地解读用户提示，同时防止生成有争议的图像。

（5）免费试用和会员制：Midjourney 提供免费试用，用户可以免费输入 25 个提示词。之后，用户需要成为付费会员才能继续使用。

3. 入门指南

1）功能选项

（1）使用 /imagine 命令。

在 Midjourney 平台界面的消息栏中输入"/imagine prompt："或者在输入"/"时从弹出的命令列表中选择"/imagine"。在 prompt 字段中输入想要创建的图像描述并发送。

例如，输入"origami chameleon"，生成图像如图 5-30 所示。

（2）选择图像或创建变体。

初始图像网格生成后，图像下方会出现两排按钮，如图 5-31 所示。

- U1、U2、U3、U4 按钮：在 Midjourney 的早期版本中，这四个按钮可用于对图像进行放大处理。在最新版本中，图像生成 1024×1024 像素，U 按钮用于从网格中分离出所选图像，使其更易下载，并提供额外的编辑和生成工具。
- "🔄"按钮用于重新生成图像。
- V1、V2、V3、V4 按钮：V 按钮用于在保持选定图像特征的基础上，给出此图像的四种变体。例如在图 5-31 的基础上单击 V1 按钮，可得到如图 5-32 所示结果。

（3）增强或修改图像。

单击 U1 按钮挑选图像后，将出现新的扩展选项，如图 5-33 所示。

- Vary 按钮：用于生成你所选图像的更强或微妙变体，生成新的四张图片。

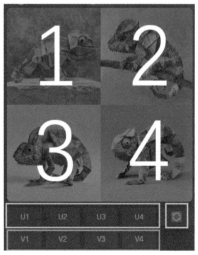

图 5-30（左）
Midjourney 生成图像

图 5-31（下）
图像基本操作

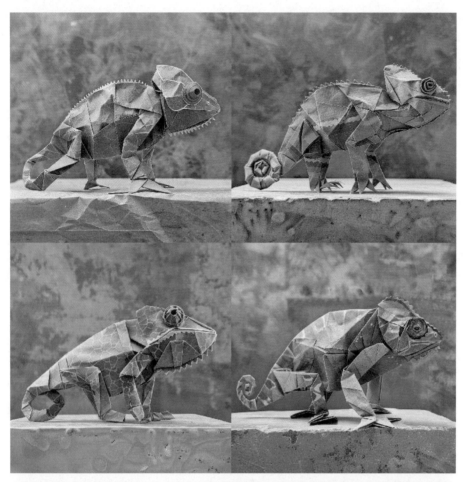

图 5-32
图像生成变体

图 5-33
扩展选项

- Zoom 按钮：用于放大图像，会扩展画布到原边界之外，同时不改变原图像的内容。新扩展的画布将根据提示和原始图像进行填充。
- "方向平移"按钮：允许用户在不更改原始图像内容的情况下，沿选定方向展开图像画布，新展开的画布将使用提示和原始图像指导进行填充。

2）提示词

（1）基本提示。基本提示可以是一个单词或短语，如图 5-34 所示。

（2）高级提示。高级提示通常包括一个或多个图片的地址（可自行上传生成）、多个描述词语或短语，以及多个参数后缀（如 ar、chaos 等）。

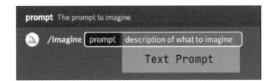

图 5-34
输入提示词

4. 使用技巧

1）提示词技巧

即使是输入"光"这种非常简单的提示词，Midjourney 也能根据其默认风格演绎出美丽的图像。但如果想生成更具个性特质和创意意蕴的图像，不妨尝试结合艺术媒介、历史时期或特定地点等多元化元素，深度定制提示词。

（1）指定艺术媒介。在生成图像时，指定特定的艺术媒介是一种颇具成效的策略。可以尝试选择不同的艺术材料或工具，如油画颜料、蜡笔、草图纸、印刷机、闪光粉、墨水或彩色纸。

示例：使用"/imagine prompt < 任意艺术风格 >siamese cat"命令来指定风格，生成图像如图 5-35~ 图 5-46 所示。

图 5-35
草编 /Straw Weaving

图 5-36
玩具 /Toy

图 5-37
泥塑 /Clay Sculpture

图 5-38
刺绣 /Embroidery

图 5-39
凹版印刷 / Intaglio Print

图 5-40
纸扎 /Paper Puppet

图 5-41
木版画 /Woodblock Print

图 5-42
蓝晒 /Cyanotype

图 5-43
铅笔素描 /Pencil Sketch

图 5-44
水墨 /Ink Painting

图 5-45
水彩 /Watercolor

图 5-46
纸模 /Paper Doll

（2）描述要细致精确。使用更为具体和精确的词汇或短语，可以帮助创建出外观和感觉完全满足使用者要求的图像。

示例：使用"/imagine prompt <style> cat sculpture"命令输入不同艺术流派名字，可生成图像如图 5-47~ 图 5-52 所示。

（3）注重环境描述。环境的选择对于营造独特氛围和激发特定情感也起着很重要的作用。可以尝试将主体置于不同的环境中，观察图像生成效果的变化。

图 5-47
抽象主义 /Abstract

图 5-48
巴洛克 /Baroque

图 5-49
立体主义 /Cubism

图 5-50
未来主义 /Futurism

图 5-51
新古典主义 /Neoclassical

图 5-52
波普艺术 /Pop Art

示例：用 "/imagine prompt <某个地点 >panda" 命令来生成熊猫在不同环境下的样子，如图 5-53~ 图 5-57 所示。

2）提示词获取途径

如果需要获取某个视觉艺术领域的专业词汇或者风格种类描述时，可以尝试与 ChatGPT 进行交互，获取相关信息。

问：请列出 20 种摄影的冲印工艺，中英文。

图 5-53
冰原 /Tundra

图 5-54
海底 /Seabed

图 5-55
火星 /Mars

图 5-56
夜晚城市 /Night City

ChatGPT：以下是按冲印工艺分类的 20 种摄影形式，包括中文和英文名称：

银盐印刷 / Silver Gelatin Print：传统黑白照片冲印方法。

C 型印刷 / C-Print（彩色照片冲印）：常见的彩色照片印刷方法。

石版印刷 / Lith Print：一种特殊的黑白印刷技术。

铂金印刷 / Platinum Print：使用铂盐进行印刷的高质量方法。

钯金印刷 / Palladium Print：类似铂金印刷的高端印刷技术。

炭印 / Carbon Print：使用碳或颜料进行的复古印刷方法。

溴油印刷 / Bromoil Print：一种基于溴化银的艺术印刷技术。

氰版印刷 / Cyanotype：一种产生蓝色图像的印刷方法。

范戴克棕印刷 / Van Dyke Brown Print：产生棕色调图像的印刷技术。

丁香油印刷 / Gum Bichromate Print：使用丁香油和色素的多层印刷方法。

塞尔瑟印刷 / Ziatype Print：一种类似铂金印刷的现代印刷方法。

铁盐印刷 / Iron Print：使用铁盐制作图像的冲印技术。

凹版印刷 / Intaglio Print：一种压印技术，用于制作细节丰富的图像。

精致银盐印刷 / Fine Silver Print：一种高质量的传统银盐印刷方法。

相纸负像印刷 / Paper Negative Print：使用相纸作为负片的印刷方法。

太阳印刷 / Sun Print：利用阳光直接曝光的印刷技术。

液态光印刷 / Liquid Light Print：将感光材料涂在非传统表面上的方法。

转印印刷 / Transfer Print：将图像从一种介质转移到另一种介质的方法。

蓝晒 / Cyanotype：一种简单的光感制版和打印技术。

明胶银卤印刷 / Gelatin Silver Halide Print：一种使用明胶银卤化物的黑白照片印刷方法。

此外，还可借助 GPTs 的 Midjourney 提示词生成工具，将自然语言转换为 Midjourney 可以识别的提示语，如图 5-58 所示。

图 5-57
盐滩 /Salt Flat

Midjourney

By promptboom.com   🌐

I help craft detailed image prompts.

图 5-58
GPTs 中 Midjourney 提示词生成工具

5.4.2　案例介绍——《勇敢的铠甲少女》漫画绘本

2024 年 3 月，Midjourney 发布了角色一致性功能，即角色参考（Character Reference），实现了角色在不同图像中的一致性展现。本节将以“勇敢的铠甲少女”为题，讲解如何借助 Midjourney 平台辅助漫画绘本的创作。

1. 故事脚本生成

使用 ChatGPT 作为创意启发工具，输入对应的提示词，如“生成一个儿童故事绘本，主角是身穿铠甲手拿兵器的少女，经历一场神奇冒险，剧情积极向上。”它会立刻生成一段适合儿童阅读的故事，如图 5-59 所示。

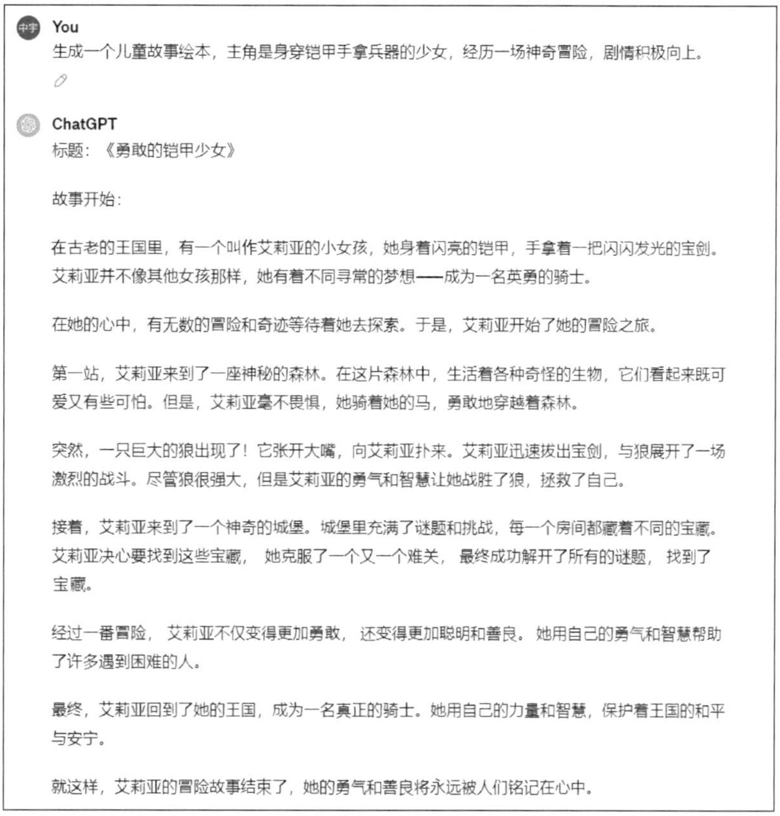
You
生成一个儿童故事绘本，主角是身穿铠甲手拿兵器的少女，经历一场神奇冒险，剧情积极向上。

ChatGPT
标题：《勇敢的铠甲少女》

故事开始：

在古老的王国里，有一个叫作艾莉亚的小女孩，她身着闪亮的铠甲，手拿着一把闪闪发光的宝剑。艾莉亚并不像其他女孩那样，她有着不同寻常的梦想——成为一名英勇的骑士。

在她的心中，有无数的冒险和奇迹等待着她去探索。于是，艾莉亚开始了她的冒险之旅。

第一站，艾莉亚来到了一座神秘的森林。在这片森林中，生活着各种奇怪的生物，它们看起来既可爱又有些可怕。但是，艾莉亚毫不畏惧，她骑着她的马，勇敢地穿越着森林。

突然，一只巨大的狼出现了！它张开大嘴，向艾莉亚扑来。艾莉亚迅速拔出宝剑，与狼展开了一场激烈的战斗。尽管狼很强大，但是艾莉亚的勇气和智慧让她战胜了狼，拯救了自己。

接着，艾莉亚来到了一个神奇的城堡。城堡里充满了谜题和挑战，每一个房间都藏着不同的宝藏。艾莉亚决心要找到这些宝藏，她克服了一个又一个难关，最终成功解开了所有的谜题，找到了宝藏。

经过一番冒险，艾莉亚不仅变得更加勇敢，还变得更加聪明和善良。她用自己的勇气和智慧帮助了许多遇到困难的人。

最终，艾莉亚回到了她的王国，成为一名真正的骑士。她用自己的力量和智慧，保护着王国的和平与安宁。

就这样，艾莉亚的冒险故事结束了，她的勇气和善良将永远被人们铭记在心中。

图 5-59
ChatGPT 生成的绘本故事

2. 视觉元素设计

（1）设计绘本主要角色及特征。使用如图 5-60 所示的英文提示词，包括人物、背景、动作、配饰等都需要进行细致阐述。

（2）角色控制、场景设定。在平台界面中，单击 custom zoom（自定义缩放）按钮，扩充或修改画面内容，如图 5-61 所示。

（3）保持角色不变，修改画面尺寸和场景内容，提示词及生成效果如图 5-62 所示。

（4）选择适合的角色与场景图，双击放大，下载到本地，如图 5-63 所示。

Promopt: Full-body shooting, frontal, IP image design, cute little girl, sword, armor, cinematography lighting, clean white background, advanced color scheme, full-body 3D model, big eyes, lovely action, --ar 3: 4 -

图 5-60

根据提示词生成的漫画形象

图 5-61

平台界面自定义缩放按钮

Promopt: In a fantastic garden with all kinds of wonderful flowers and animals, a little girl walks into the garden in surprise, Disney style --s 250 --ar 16: 9 --style expressive --niji 5 --iw 0.8 – Image

图 5-62

根据提示词生成多个漫画场景

图 5-63
选择适配场景

3. 图文制作

　　运用 Photoshop 等图像编辑软件，对绘本文字内容与所选图片进行整合，最终形成一本图文并茂的儿童绘本，如图 5-64 所示。

图 5-64
图文制作

5.5　特色模型训练

维基百科中，将模型定义为"用一个较为简单的东西来代表另一个东西，这个简单的东西被叫作模型"。对于 AI 设计而言，训练算法程序，让机器学习海量图片、视频的信息特征，训练学习后所沉淀下来的保存参数的文件即可称之为模型。

本节的最后将介绍如何进行特色模型训练，在现有图像模型框架上进一步细化 AI，使其更精准地生成特定风格图像。

5.5.1　设计平台——Stable Diffusion

1. Stable Diffusion 简介

Stable Diffusion 是 2022 年由 Stability AI 研发的生成式人工智能模型，也是一款开源扩散模型，通过逐步添加细节来生成图像，其官网界面如图 5-65 所示。模型将图像生成过程分为多个步骤，每个步骤都会对图像进行一定程度的修正和完善，历经多次"去噪"循环生成最终图像。此外，因其过程是在低维隐空间而非实际像素空间中完成，大幅降低了内存占用和计算复杂度，故在配备 GPU 的台式计算机或便捷式计算机上即可流畅运行。

Stable Diffusion 的开放性是其与其他 AIGC 工具的主要区别之一，任何人都可以下载模型并尝试生成自己的图像。该模型自公开发布以来不断优化，在提升速度、节省内存的同时，性能也变得更加强大。使用浮点 16（Float16）精度和更少的推理步骤可以显著加快生成速度，顺序运行交叉注意力层可以有效减少内存消耗。此外，模型还允许用户通过

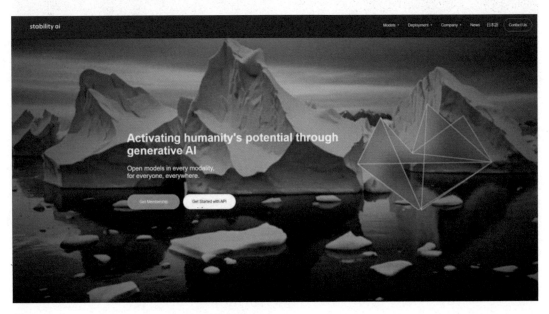

图 5-65
Stability AI 官网

调整随机生成器的种子号、改变去噪时间表、去噪步骤数和应用的噪声程度等关键参数，
生成不同效果的图像。

2. 功能介绍

1）平台界面

Stable Diffusion 的一个常用的集成启动界面如图 5-66 所示。

（1）一键启动：用于打开 Web UI 主页面。

（2）终止进程：用于中断 Web UI 当前工作。

（3）版本管理：用于切换 Stable Diffusion 的版本。

（4）模型管理：可在启动界面卸载或下载所需模型。

图 5-66
Stable Diffusion 启动界面

Stable Diffusion 运行界面中的相关功能选项示意如图 5-67~ 图 5-69 所示。

- Stable Diffusion 模型：存放大模型板块，单击下拉菜单可以按需选择，主要用于控制生成图片的风格。
- 文生图、图生图：Stable Diffusion 基础生成内容板块，在这里可以输入所生成内容的提示词并进行参数调整。
- 后期处理：用于提升文生图与图生图生成的图片质量。
- PNG 图片信息：导入之前制作过的图片，将显示此图的生成信息。如模型、关键词、采样方法等。
- WD1.4 标签器：该模块用于处理训练模型的前期工作，对训练模型的底图进行关键词描述。

图 5-67
Web UI 主界面

图 5-68
基本命令

- 扩展：用于 Stable Diffusion 中常用的插件安装。
- SDXL Styles：当大模型选择带 XL 后缀的 2.0 模型时，相应的，可以选择 SDXL Styles 中有关的基础模型，如延时摄影、动漫、插画等风格。
- ADetailer：人物修复工具。在 Stable Diffusion 生成图片内容的过程中，由于其分配给人物脸部和四肢的分辨率较少，导致生成的人物形象在这些部位与真实人物存在明显差异。为了弥补这一不足，可以借助 ADetailer 工具对脸部、手部和腿部等关键部位进行精细化调整。

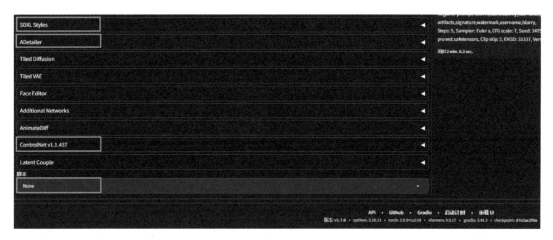

图 5-69
XL 模型选择及插件选区

- ControlNet：控制网络。在使用 Stable Diffusion 进行定制化内容生成的过程中，ControlNet 扮演了不可或缺的角色，包含控制线稿、风格迁移、法线贴图、重上色等多种功能。
- 脚本：脚本选择器。用户可以根据选择内容增强部分功能。

2）各功能参数详解

（1）"文生图"选项卡界面，如图 5-70 和图 5-71 所示。

- 提示词区域：用于填写生成内容所必需的正向提示词与反向提示词。
- 正向提示词输入框（想要生成的内容）：输入尽可能准确的英文词汇或短语，用英文逗号隔开，SDXL 版本模型可以理解更长的自然语句。

图 5-70
文生图界面

图 5-71
生成参数区域

- 反向提示词输入框（不想生成的内容）：输入尽可能准确的英文词汇或短语，用英文逗号隔开，可以直接使用同一套通用反向提示词的模板。
- "▢ ✓"图标：输入上次生成使用的提示词和参数。
- "▣"图标：删除当前提示词。
- "▣"图标：保存当前提示词。
- 迭代步数（Steps）：生成图像所需步数越多、绘制时间越长，效果越好，但多数情况下 30~40 次后变化不明显，一般推荐选择 30 次。
- 宽度与高度：生成图像尺寸可以根据需求调整，一般 SD1.5 版本模型默认为 512×512 像素、SDXL 版本模型默认为 1024×1024 像素，生成过大的图像可能会导致画面内容扭曲混乱，如需更大尺寸的图像则可以选择高分辨率修复的方式。
- 常用采样器：采样方法会影响出图效果，使用过程中还需要根据具体模型选择具体的采样方法。默认为 Euler a，常用的有 Euler、DPM++2M Karras、DPM++SDE Karras。
- Euler a：特点是图像不收敛，每一步图像都有较大变化。
- Euler：特点是图像收敛，不改变构图造型。
- DPM++2M Karras：特点是图像收敛，不改变构图造型。
- DPM++SDE Karras：特点是图像不收敛，每一步图像都有较大变化。
- "▣"图标：打开文生图输出的文件夹目录。
- "▣"图标：将生成结果保存为图像。
- "▣"图标：将生成结果保存为压缩文件。
- "▣"图标：将生成结果发送到图生图功能选项卡。
- "◉"图标：将生成结果发送到局部重绘功能选项卡。
- "◣"图标：将生成结果发送到后期处理功能选项卡。

（2）"图生图"选项卡界面，如图 5-72 和图 5-73 所示。

- 提示词区域：用于填写图生图生成内容所必需的正向提示词与反向提示词。

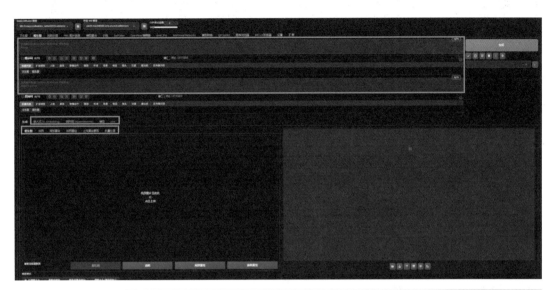

图 5-72（上）
"图生图"选项卡
界面

图 5-73（右）
重绘命令

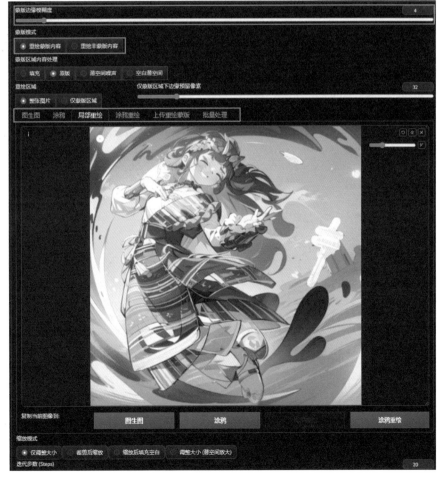

- 正向提示词输入框（想要生成的内容）：输入尽可能准确的英文词汇或短语，用英文逗号隔开，SDXL 版本模型可以理解更长的自然语句。
- 反向提示词输入框（不想生成的内容）：输入尽可能准确的英文词汇或短语，用英文逗号隔开，可以直接使用同一套通用反向词模板。
- 嵌入式：预设提示词。
- 超网络：不常用，可不做深入了解。
- 模型：大模型，对图像画风影响大。
- LoRA：小模型，对图像画面有调整效果。
- 蒙版边缘模糊度：数值越高，重绘部分边缘越模糊。
- 重绘蒙版内容：所重绘的内容是运用画笔标注的内容。
- 重绘非蒙版内容：所重绘的内容是运用画笔标注的以外内容。
- 图生图、局部重绘、批量处理使用率较高。

以局部重绘为例，我们可以将画面当中不满意的内容运用画笔工具创建选区，搭配描述词进行画面修改，如图 5-74 所示。

填充、原版、潜空间噪声、空白潜空间的生成效果图，分别如图 5-75~ 图 5-78 所示。

图 5-74
图生图区域
填充等命令

图 5-75
填充

图 5-76
原版（默认）

图 5-77
潜空间噪声

图 5-78
空白潜空间

5.5.2　增强功能

1. ControlNet 介绍

ControlNet 是斯坦福大学研究人员开发的、用于增强 Stable Diffusion 模型控制能力的一款插件，它基于条件生成对抗网络（conditional generative adversarial networks），是一种简单的稳定扩散微调方法，可以根据边缘检测、草图处理等各种参数设置来控制图像生成，从而实现对生成图像的精准控制。

ControlNet 相关命令功能如图 5-79 所示。

- ControlNet 单元：控制网络选项卡（可开启多个）。
- "⊡"图标：使用上传图片的尺寸设置输出图像。
- 启用、完美像素模式、允许预览：推荐选中常用设置。
- 控制权重：控制网络对最终图像的影响大小。
- 引导介入 / 终止时机：从迭代步数的何处开始使用或停用控制网络。
- 控制类型：控制网络以何种规则控制图像。
- 预处理器：单击红色按钮，先使用预处理器对上传图片进行处理（本节示例图中，canny 预处理器提取了图片的边缘轮廓线）。

图 5-79
ControlNet 基本命令

- 模型：控制网络的模型将根据预处理出的图片进行绘画。本节示例图中，生成图像
  将被限制在轮廓线内。

ControlNet 操作示例如下。

（1）在 ControlNet 控制网络中，选择不同类型的线稿，生成效果如图5-80~图5-84所示。

（2）在 ControlNet 控制网络中，选择不同类型的块面，生成效果如图5-85~图5-87
所示。

图 5-80
Canny（硬边缘）

图 5-81
Lineart（线稿）

图 5-82
SoftEdge（软边缘）

图 5-83
Sketch/Scribble（涂鸦 / 草图）

图 5-84
MLSD（直线）用于建筑

图 5-85
Depth（深度）

图 5-86
NormalMap（法线贴图）
明暗信息

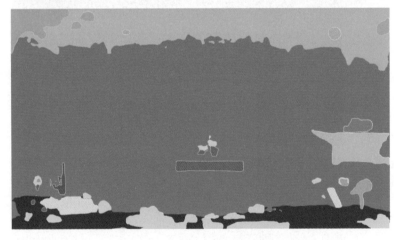

图 5-87
Segmentation（语义分割）
物体类型

2. 高级叠加

在图片的生成过程中，可以选择并行创作流程，即同时打开两个控制网络的选项卡，选取不同控制类型对参考图进行加工，从而生成叠加艺术效果。生成图像如图 5-88~图 5-90 所示。

图 5-88
控制网络 1：
Lineart

图 5-89
控制网络 2：
IP-Adapter

图 5-90
最终效果图
（基于控制
网络 1 的线
稿，融合控
制网络 2 的
风格）

5.5.3 模型训练

使用现有模型确实便捷，但为了让 AI 能够更加精准地创造出有特定风格的图像，就需要训练个性化的专属模型。

目前，Stable Diffusion 主要有四种模型训练方式，分别是 Textual Inversion 模型、Hypernetwork（超网络）模型、LoRA 模型和 Dreambooth 模型。LoRA 作为一种轻量化的模型微调训练方法，训练速度快、配置要求低，使用少量图片即可完成训练，其效果依赖于基础模型。

本节内容将以艺术家顾群业的《太子龙》系列作品为素材，演示 LoRA 模型的个性化训练过程。

1. 训练工具选择

SD-Trainer 作为一款训练脚本，可以帮助 AIGC 爱好者进行 LoRA 模型的开发与训练。其使用方法和步骤如下。

（1）安装必备：基于使用者的具体操作系统环境，安装相应基础软件。以 Windows 系统为例，需要确保系统已正确安装和配置了与版本兼容的 Git 和 Python 软件。这两者是后续工作流程的核心支撑工具。

（2）克隆仓库：利用 Git 的高级功能，通过命令行执行克隆操作以获取包含子模块的仓库，命令行中的 <URL> 为实际的项目远程仓库地址。

```
git clone --recurse-submodules <URL>
```

（3）安装环境：根据训练脚本的提示，安装相应的虚拟环境并实施激活。

（4）运行训练脚本：编辑训练脚本文件，如 train.ps1（Windows）或 train.sh（Linux），并运行。

（5）启动 GUI：根据训练脚本的提示，运行相应的命令，启动 GUI（graphical user interface）。

（6）使用训练脚本：按照训练脚本的提示进行操作，如克隆子模块、安装依赖等。

（7）进行训练：根据训练脚本的提示，配置训练参数，执行相应的训练操作。

（8）查看结果：在 SD-Trainer 本地部署文件包中，打开 output 文件夹查看训练模型。

注意：不同版本或配置下的 SD-Trainer 可能会有不同的使用细节。

2. 训练素材整理

将存放有训练素材集图片的文件夹路径上传至 Tagger 标签器，单击"生成"按钮。与每张素材图片相对应的 TXT 文本文件将会自动生成至图片文件夹，用户可以直接查看和编辑文本中的特征提示词。

训练素材集是训练过程中最重要的部分，素材图片质量直接决定了模型的质量。高质量的图片需要做到主题内容清晰可辨、特征明显、图片构图相对简单，基础图片数推荐 30 张以上。

本例整理了 30 张《太子龙》作品，将其像素尺寸统一整合为 512×512 像素。利用 Tagger 标签器训练模型，让 AI 进行深度学习，使之理解《太子龙》作品的国画风格特征，如图 5-91 所示。需要注意的是，该过程仍依赖于人工干预以修正和完善其特征识别的局限性。

SD-Trainer 集合了 Stable Diffusion 中的 Tagger 标签器插件，以便在训练模型过程中让 AI 学习图片的风格和细节，参数细节的设置如图 5-92 所示。

3. 模型训练流程

在 SD-Trainer 界面左侧的工具列表中，默认使用新手版本，如有特殊调整可使用专业版本。各参数设置如图 5-93~ 图 5-97 所示。

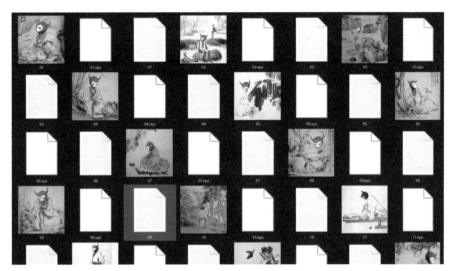

图 5-91
训练素材

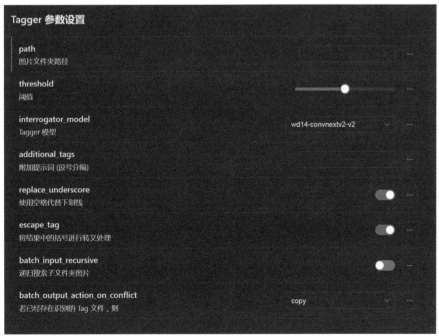

图 5-92
参数设置

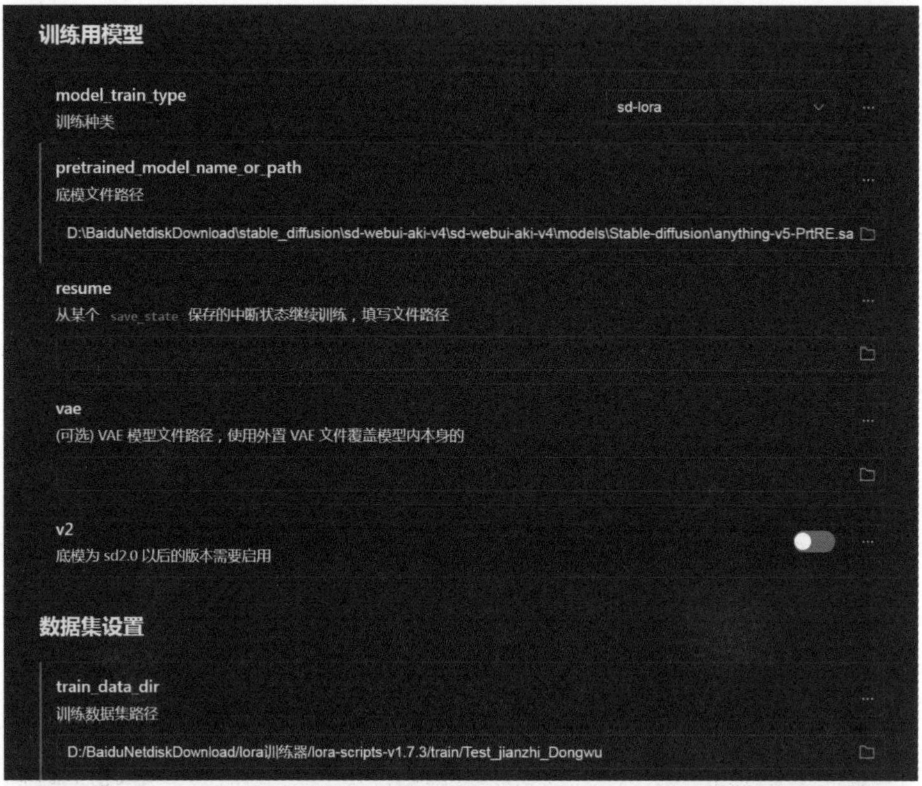

图 5-93
模型路径

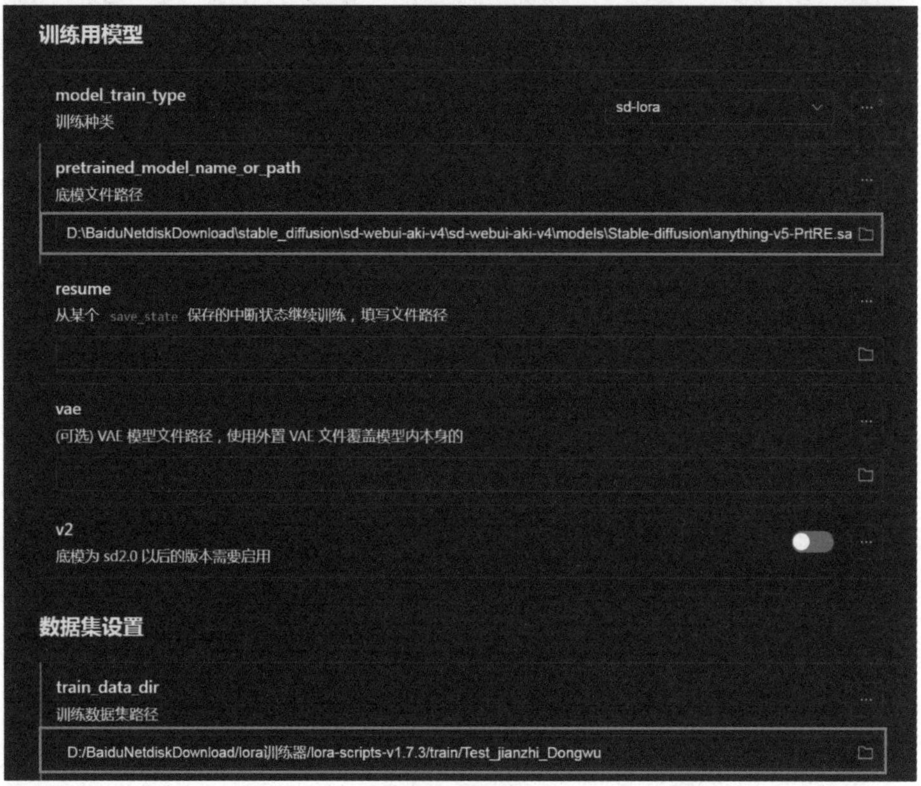

图 5-94
分辨率设置

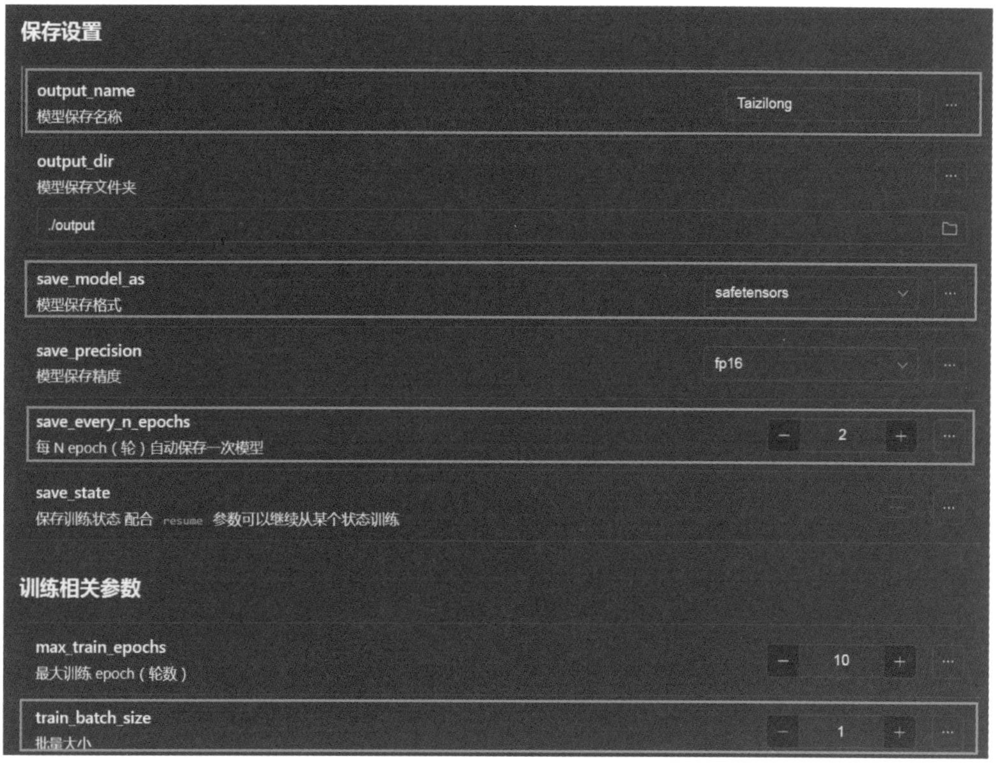

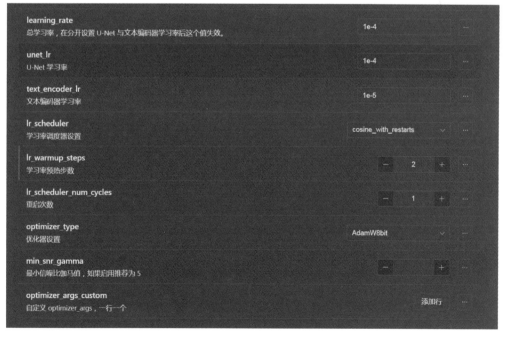

图 5-95

保存设置

图 5-96

学习率和学习模式区域

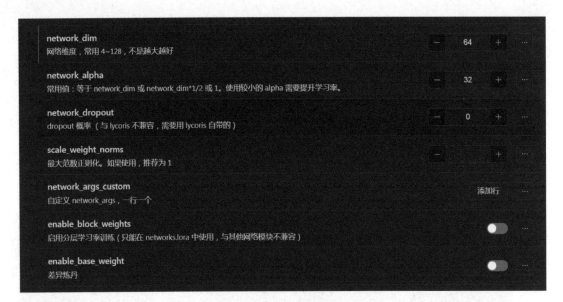

图 5-97
数值调节

- model_train_type：训练种类，这里选取 SD-LORA。
- pretrained_model_name_or_path：选取与训练模型风格相似的大模型作为底模。《太子龙》案例中，我们选择了国画与写实类风格的模型作为底模进行训练。
- train_data_dir：选择已经打好 Tagger 的训练数据集文件夹路径，让其学习文本文件中的内容。
- resolution：图片的分辨率尺寸，必须是 64 的倍数。结合计算机显存和大模型的普遍尺寸，这里可以设为 512×512 像素或者 768×768 像素。
- enable_bucket：选中该功能，即可对准备好的《太子龙》作品图片进行合理裁切。
- arb 最小 / 最大分辨率：设置上推荐 256 像素和 1024 像素。该尺寸必须包含 resolution 提供的尺寸。
- output_name：为训练模型命名。
- save_model_as：选择 safetensors 作为文件的后缀。
- save_every_n_epochs：设置自动保存模型的间隔轮数，可以与参数 max_train_epochs 搭配使用。最大训练轮数需根据用户的显存情况进行合理规划，不宜轮数过多。
- train_batch_size：设置数据集里面图片的单次训练张数。数据设为 "1"，意味着在训练模型的过程中，数据集里单次只训练 1 张图；数据设为 "2"，则表示一轮可同时训练 2 张图，以此类推。
- learning_rate：1e-4 代表 10 的负 4 次方，1e-5 代表 10 的负 5 次方。这里选择默认设置。
- lr_scheduler：学习率调度器设置，推荐选择 consine_with_restarts，以余旋退火重启方式进行训练，可以找到模型的最佳学习效率。
- optimizer_type：优化器设置，推荐选择 AdamW8bit，适用于大部分模型训练。

- network_dim：训练人物模型时推荐选择 32 或 64；训练写实场景等细节较多的模型时推荐选择 128。
- network_alpha：选择 network_dim 数值的 1/2。

借助 Stable Diffusion 平台生成的图片，其亮部容易产生过度曝光，而暗部可能缺失细微质感与细节。"噪声设置"中的各项参数可以用于调节和改良图片效果，如图 5-98 所示。

noise_offest 不能与 multires_noise_iterations 同时使用。用户可以根据自身图片风格进行调整，iteraions 推荐使用 6；discount 推荐使用 0.3。如果想要模型生成对比强烈的图片，可以不用填写噪声。

调整好上述参数后，单击"开始"按钮进行训练，训练时长取决于训练次数和 GPU 显存。建议采用英文命名 LoRA 模型，以保持国际通用性。训练后的 LoRA 模型效果图如图 5-99~图 5-101 所示。

图 5-98
噪声设置

图 5-99
LoRA 模型效果图（1）

图 5-100
LoRA 模型效果图（2）

图 5-101
LoRA 模型效果图（3）

从上述案例中不难发现，模型训练的性能取决于语料库的品质。语料库，在语言学领域被定义为用于语言研究和分析的大规模语言材料集合；而在人工智能领域，它特指用于训练模型的文本、图像、视频等数据集合。

多样化的语料库可以使模型适应更多的应用场景和任务需求。语料库中的训练数据是AI 图像生成技术精准理解和创意迸发的基础。正如艺术家手中的调色板，丰富的素材赋予了 AI 学习和临摹世界的能力，进而创作出新颖且蕴含深意的作品。

为了强化模型的泛化能力和鲁棒性，我们亟须构建一系列高质量、原创的语料库，如图 5-102 所示，让模型学习到更多的知识和信息。

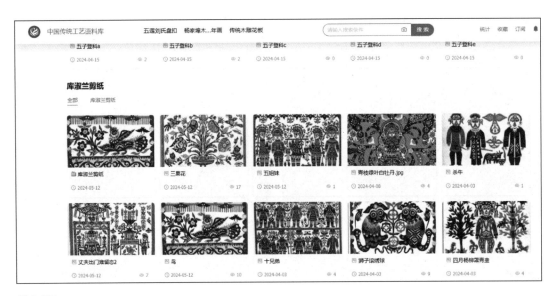

图 5-102
中国传统工艺语料库（山东工艺美术学院）

本章节展示了一系列 AIGC 辅助设计的应用案例，深入探索了 AIGC 技术在设计创作中的应用潜力。在创作过程中还需要高度重视版权与伦理道德，这些规范不仅是维系艺术领域健康生态的基石，更是对原创精神和个人创新的尊重和保护。

以下总结几条需要遵循的原则。

（1）禁止直接复制：不应该生成对现存艺术作品的直接复制的图像，尤其是那些受版权保护的作品。

（2）倡导原创：积极倡导并鼓励使用者发挥创造性思维，创造具有独立价值与创新内涵的原创作品。即便在汲取某种艺术风格、技法或主题灵感的基础上进行创造，也应确保最终作品体现出鲜明的个人见解与个性表达。

（3）尊重知识产权：每一位艺术家和创作者的知识产权都应得到充分的尊重与保护。

思考

1. 探讨 AIGC 技术在游戏艺术设计、摄影、建筑与视觉传达等领域的应用可能性。你认为这些技术将如何改变这些领域的传统方法？

2. 使用 ChatGPT 生成一个创意项目提案。选择一个设计主题（如环保、未来城市、虚拟现实等），然后让 ChatGPT 帮助你构思一个创意项目的基本概念。要求包括项目目标、设计思路和预期的视觉元素。分析 ChatGPT 生成的提案，讨论其创意的实用性、原创性，以及如何进一步改进这个提案。考虑加入自己的观点和设计理念，使提案更加完善。

3. 选择一个设计项目（如海报设计、产品包装、角色设计等），并使用 DALL-E 生成一些初步的视觉概念。在描述中包含具体的细节，如颜色、氛围、主题等，以指导 DALL-E 生成与你的设计项目相关的图像。分析 DALL-E 生成的图像，评估它们在视觉表达和概念创新方面的有效性，讨论这些图像如何为你的设计项目提供灵感或指导，同时考虑如何将这些自动生成的图像与你的创意和设计技能相结合。

4. 选择一个绘本设计项目（如成语故事、科学认知、游戏讲解等题材），并使用 Stable Diffusion 来生成。

5. 收集自己的绘画作品，打造属于自己的 AI 绘画 LoRA 模型。

延伸阅读

1. 龙飞. Stable Diffusion AI 绘画教程 [M]. 北京：化学工业出版社，2024.
2. 雷波. Midjourney 人工智能 AI 绘画教程：从娱乐到商用 [M]. 北京：化学工业出版社，2023.

第6章

人工智能与设计伦理

6.1　人工智能伦理与道德

前面章节介绍了 AIGC 辅助设计创作的一些应用案例，借助 ChatGPT、Midjourney 及 Stable Diffusion 等工具，艺术家在短短几秒钟即可生成一幅作品。但对技术的过度依赖也可能会阻碍创造力、批判性思维和解决问题能力的发展。换言之，人工智能对人类社会的发展需要辩证看待，一方面能够为人类生活带来便捷、造福人类；一方面也存在一定的伦理风险。

伦理风险是指"在人与人、人与社会、人与自然、人与自身的伦理关系方面，由于正面或负面影响可能产生不确定的事件或条件，尤指其产生的不确定的伦理负效应，诸如伦理关系失调、社会失序、机制失控、人类行为失范、心理失衡等"。而人工智能伦理风险则指的是由于算法、技术等产生的公平及合理性问题，这些风险在有些行业已经初现端倪。2023 年 2 月，美国国家公路交通安全管理局发布了一则新闻，要求召回 36 万余辆配备全自动驾驶测试软件的特斯拉汽车，而召回原因则是发现在通过十字路口时，特斯拉全自动驾驶测试软件可能存在非法、不恰当的行为，从而导致交通事故。

生成式人工智能在设计领域潜在的伦理风险，主要是知识产权方面的纠纷，如图 6-1 所示。利用生成式人工智能生成的内容是否属于自己，是否可以被认定为作品？

首先生成式人工智能模型的建立是以海量数据为基础的，其生成的内容有可能和训练

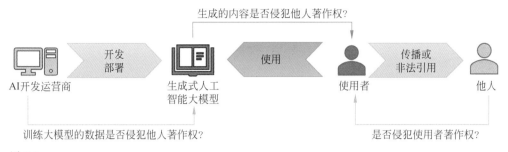

图 6-1

生成式人工智能著作权惹争议

数据库中的内容重复率较高，构成对他人版权的侵犯；其次大部分生成式人工智能模型在初期收集数据的时候，并没有获得相应授权。2023 年 1 月，三名美国艺术家向法院提起诉讼，状告三家生成式人工智能公司的大模型工具在未经本人许可下，随意抓取作品训练，造成侵权。

依照《中华人民共和国著作权法》第九条，著作权人包括：（一）作者；（二）其他依照本法享有著作权的自然人、法人或者非法人组织。故人工智能作为工具，不能作为著作权人，不享有著作权，一旦发生侵权行为，究竟判定是人工智能工具的责任还是人类的责任，是难以界定的。虽然法律规定如此，但实际中并非一概而论，我们看以下两个实际案例。

1. "人工智能"生成内容著作权纠纷案

2018 年，北京某事务所在其公众号发表了一篇题为《影视娱乐行业司法大数据分析报告——电影卷·北京篇》的文章，北京百度网讯科技有限公司未经其许可，删除了文章署名及首尾段后在百家号平台发布。随后，该事务所向法院起诉北京百度网讯科技有限公司，认为其侵害了事务所的著作权。法院在一审中认为，该文章是利用检索法律统计数据分析软件形成，创作者非自然人，无法达到著作权法规定的作品的必要条件，涉案文章内容不能被认作是作品。但是文章具备原创性，从激励软件使用者的使用和传播行为出发，软件使用者具备相关权益，被告须赔偿原告一定经济损失。这是我国首例"人工智能"生成内容著作权纠纷案。

2. "AI 文生图"著作权纠纷案

2023 年 11 月，我国首例"AI 文生图"著作权纠纷案引起大众关注，案件起因是原告李某利用文生图大模型通过输入关键词和调整参数后生成了一幅图片，并将其在公众平台发布，而被告在使用该图片时去除了图片水印。李某通过人工智能生成的图片在法院一审判决中被认定为作品，法院称虽然人工智能模型不能作为著作权人，但是在生成图片的过程中，原告李某输入关键词并且优化调整了参数，所以可以认定李某是该图片的著作权人，享有著作权。这是我国在生成式人工智能领域知识产权方面的重大进展，不仅为人工智能的健康发展提供了有力的法律支撑，也在完善我国知识产权法律体系方面发挥了重要作用。

除了知识产权引发的伦理风险外，过度使用生成式人工智能进行艺术设计创作，也可能导致人类过度依赖，从而限制人类的思考及艺术设计创作方式的发展。2022 年 11 月 ChatGPT 发布后，仅 5 天时间注册用户就达百万，2023 年 1 月末，月活跃用户数破亿，随后 Stable Diffusion、Midjourney、DALL-E 等文生图工具也获得了广泛关注，可以说 ChatGPT 的诞生是人工智能发展的重大转折点，也是人工智能从感知到创造的一次跃迁。习惯性地借助生成式人工智能进行创作，容易使人们陷入"认知舒适圈"，可能造成对输出结果的高度依赖。

图 6-2
早期 AI 生成的人物图（手指细节生成有误）

自人工智能绘画技术问世以来，艺术设计领域经历了前所未有的变革。设计师群体中，也不乏质疑之声：这些智能工具是否会代替人类创作者？早期，很多艺术家、设计师对该技术持保留态度，尤其是鉴于生成式 AI 开始时的不完美，如图 6-2 所示的案例——画面中人物轮廓模糊，手指细节生成有误。他们认为，真正的艺术设计是个人美学理念的体现，融合了创作者的生活背景、文化环境、丰富经验和对世界的独特见解，是情感与思想的深刻投射，是"灵魂"灌注的产物。相比之下，人工智能在逻辑推理与创造性类比上的短板，以及对情感体验与美感理解的缺失，意味着它仅能基于数据执行冷冰冰的计算任务，其产品往往缺乏灵性、趋于雷同，不过是算法公式化运作的结果。

然而，随着技术不断迭代，现今的人工智能生成工具愈发成熟，其技术局限也在逐步消解。"人机协作"被视作人工智能演进的关键导向，其定位将更倾向于利用人类创意作为灵感源泉，旨在强化而非取代人类创作者的力量。

6.2　数据隐私与安全

网络安全是国家安全的关键组成部分，其中数据安全更是这一领域中不可忽视的元素，其重要性日益凸显。数据安全关乎个人隐私保护，更关联着国家的安全稳定。人工智能蓬勃发展的时代背景下，确保数据隐私与安全成为亟须解决的问题。

6.2.1　隐私与安全风险来源

生成式人工智能大模型的建立和应用，基本经历了以下四个阶段。

（1）数据采集及预处理阶段。海量且高质量的数据是大模型的基础，对收集到的数据需要进行一定处理以达到标准。

（2）模型预训练阶段。选择合适的算法，设计模型架构，利用前期数据集训练数据，使用评估函数进行验证。

（3）模型适配阶段。不断测试调优，进行多次迭代，提升模型效果。

（4）模型部署阶段。选择在预训练测试阶段中表现最好的模型实施部署，如图 6-3 所示。

生成式人工智能的数据安全风险来源主要包括以下四个方面。

图 6-3
大模型开发过程

1. 数据滥用

大模型构建过程中，数据采集是基础环节。一般来说，数据来源广泛，涵盖了公开数据集、公司机构间的数据分享及互联网上的海量网络数据等，这些数据中可能会包含一些个人敏感信息。依据我国《个人信息保护法》，涉及个人数据需征得个人同意，但实际操作中很难确保数据在被采集时完全遵循"通知－同意"原则。在应用层面，大模型也可能以无法提供完整服务为条件收集个人信息，用户在使用 AI 大模型时的输入及生成内容也会被自动收集，用以模型的持续优化和训练。

2. 技术原因

大模型中的算法和工作原理对公众不透明，难以验证其是否存在安全漏洞、数据被窃取或篡改的风险。在模型训练阶段，若训练集数据缺乏多样性或存在偏差，也可能导致模型输出失误。

3. 黑客攻击

目前，钓鱼邮件、木马入侵、网络监听、系统漏洞等是网络攻击的常见手段。2020 年，Clearview AI 公司遭黑客入侵，导致 30 亿人脸数据被非法获取。研究表明，大型语言模型更容易成为攻击的目标，攻击者可以通过生成序列从训练模型中逆向识别出训练数据集，从而导致数据泄露。

4. 内部人员导致的数据泄露

2023 年，微软人工智能研究部门在 GitHub 共享 AI 模型时，因开发人员设置失误，意外泄露了近三年高达 38TB 的内部数据。

人工智能时代下，数据泄露将会对个人利益、企业效益和社会稳定造成极大影响，从个人角度出发，个人数据被泄露，若被他人恶意利用，极有可能遇到钓鱼、诈骗等。2023 年 4 月，福建某公司法人代表郭某接到朋友视频电话，称因工作原因需要 430 万元，再三确认是朋友面孔和声音后，郭某在 10 分钟内向对方转账 430 万元，事后发现是诈骗分子利用 AI 换脸和模拟声音技术伪装受害人好友。同年 5 月，又一起 AI 换脸诈骗发生，9 秒内诈骗金额达 132 万元。从企业角度来看，数据安全意味着商业机密不会被窃取，一旦发生数据泄露、数据丢失等严重事件，将会对企业声誉和商业价值造成不可挽回的影响。

如何在人工智能时代下做好隐私保护？首先要增强隐私数据保护意识，不断提升自身的网络安全素养；其次在使用各类人工智能工具时，保持警惕，关注这些工具是否正在不当收集我们的敏感信息，避免向人工智能询问涉及个人隐私的问题；同时，为了确保账户安全，我们还应尽量避免在多个平台使用相同或较简单的密码，降低账号被盗用的风险。对于企业而言，应采用多元化网络安全技术手段，提升网络安全防护能力，筑牢用户数据防线；制订并执行严格的数据安全制度，规范内部人员行为，以防止数据泄露。

6.2.2　生成式人工智能治理问题

作为人工智能大国，我国目前已出台一系列人工智能相关政策法规，逐步完善人工智能管理和数据安全体系，如表6-1所示。2021年6月，中华人民共和国第十三届全国人大常委会第二十九次会议表决通过《中华人民共和国数据安全法》，8月，第十三届全国人大常委会第三十次会议表决通过《中华人民共和国个人信息保护法》；9月，《新一代人工智能伦理规范》发布，为人工智能管理、研发、供应及使用等各环节提供明确的伦理指导。

表 6-1　我国人工智能数据安全和治理相关政策法规

实 施 时 间	名　　称
2021 年 9 月 1 日	《中华人民共和国数据安全法》
2021 年 11 月 1 日	《中华人民共和国个人信息保护法》
2021 年 9 月	《新一代人工智能伦理规范》
2022 年 3 月 1 日	《互联网信息服务算法推荐管理规定》
2023 年 1 月 10 日	《互联网信息服务深度合成管理规定》
2023 年 8 月 15 日	《生成式人工智能服务管理暂行办法》
2023 年 10 月	《全球人工智能治理倡议》

2022年，随着生成式人工智能技术的迅猛发展，我国继续深化相关领域的法规建设，先后发布了《互联网信息服务算法推荐管理规定》及《互联网信息服务深度合成管理规定》。前者针对用户权益、监督管理及法律责任等做了详细规定，后者则特别强调了文本生成、语音合成、图像视频生成和沉浸式模拟场景生成等服务的提供者需强化数据和技术管理，确保技术健康发展。

2023年7月10日，公布了《生成式人工智能服务管理暂行办法》，对生成式人工智能进行专项监管，于2023年8月15日起正式实施，该办法对生成式人工智能技术发展、算法设计、训练数据来源选择及各方主体责任等都做了详细规定。在2023年10月举办的第三届"一带一路"国际合作高峰论坛期间，中国积极倡导国际协作，提出了《全球人工智能治理倡议》，这一倡议提出了"以人为本"、全球参与的人工智能治理方案，并在人工智能全生命周期治理中提供了关键指导，保障人工智能可审核、可监督、可追溯、可信赖。

随着人工智能技术的不断发展和应用领域的持续拓展，相信我国人工智能治理体系也将日臻完善。

6.3　人工智能设计发展趋势

1. 人工智能大模型细致化

自 2022 年年底起，生成式人工智能在全球范围内点燃了 AIGC 创作的热潮。为更有效地统筹资源、优化算力分配，降低大规模模型训练的成本，人工智能模型的发展可能趋向于轻量化的小模型或大小模型结合使用。在优化模型实际应用场景的同时，提升效率和灵活性。

例如，AIGC 技术在最初生成含有中国传统文化元素的内容时，精确度较低。能精确理解并诠释文化深层意蕴的微调模型不断涌现，为艺术设计创作提供了坚实的技术基础，促使中国传统文化和中国故事以数字化的形式焕发新的活力。

2. 设计学科与其他学科的跨学科合作

在互联网尚未普及时，建筑景观设计、工业设计和平面设计等是设计学的主要方向。随着互联网技术的发展，人机交互设计、信息设计、智能设计、UI 设计等新兴领域崭露头角，成为设计学的重要分支。人工智能的崛起正在悄然打破传统学科之间的界限，加速艺术设计学科与其他学科的知识融合和实践创新。

例如，艺术设计与心理学之间存在着紧密的联系。设计过程中，色彩、光影、空间的合理性、材料的质感等要素的选择和运用，都与心理学原理和机制息息相关。设计心理学在实践中主要体现在两方面：一方面，设计需要充分考虑并满足消费者的心理需求，以提升用户体验和产品价值；另一方面，艺术设计作品也可以体现创作者的创作心理和情感表达。当前，我们更加关注设计和心理学的融合研究，力求让设计更具美感和舒适性。在未来人工智能技术的加持下，深入研究艺术设计与心理学间的映射关系，有望打破传统心理治疗方式的局限性。在心理学领域，已有大量国内外研究证实，艺术治疗法如视觉艺术治疗法、音乐治疗法等，作为非常有效的治疗方式，能够借助艺术形式促进患者情感的表达和释放，有助于缓解他们压抑和焦虑的情绪。2022 年 3 月，NAKED FLOWERS FOR YOU 展览在东京开幕，该展览结合了 PHYTOTHERAPY（植物疗法）和人工智能技术，为观众打造了一场花卉疗愈艺术体验，如图 6-4 所示。随着科技进步发展，将尖端科技与艺术治疗相融合，利用"VR+AI"为患者营造更加多样化、真实的创作环境，深入分析患者创作的作品，揭示他们的心理状态与潜在的情感需求。AI 提供的全面客观的心理评估数据，将为心理医生制定精准的治疗方案提供有力支持。

再比如，艺术设计与历史学的交叉研究。历史学作为深入研究人类社会变迁的学科，展现了各个历史时期独特的政治文化面貌，而艺术作品作为时代的镜像，深刻反映了它们所处时代的特色。商代的青铜器，早期以模仿陶器的花纹为主，后期随着工艺日渐精湛，

图 6-4
NAKED FLOWERS FOR YOU 展览

其纹饰也愈发复杂精美；清朝的瓷器，其形态、图案及色彩均呈现出鲜明的时代烙印，从顺治时期尚存的明末遗风，到康熙时期瓷器造型的挺拔俊逸，再到珐琅彩与粉彩的出现，无一不是历史与艺术交融的生动例证。

　　基于这些丰富的工艺作品数据，构建图生文、图生图视频大模型，利用大模型精准分析考古文物所属的年代及其工艺技术，通过生成视频模拟文物的制作过程，提升考古工作效率与准确性，如图 6-5 所示。此外，人工智能大模型也可以应用于文物修复领域，借助模型快速识别文物的工艺设计特点，为修复工作提供精准的指导和建议。这种跨学科的合作有助于拓展艺术设计的边界，为技术与创意的深度融合提供了新的可能性。

　　随着技术的不断进步和社会需求的变革，人工智能将为艺术设计学科发展带来更多的机遇和挑战。本书所提到的案例，只是现阶段人工智能与艺术设计融合的一些典型代表，未来随着技术的不断发展，我们将会看到人工智能赋能设计的更多创新。

　　3. 人机协同创作，人机价值对齐

　　人机协同——未来科技的前沿，结合了人类的智慧与智能系统的技术优势，显著提升了工作效率。目前，人机协同方式已广泛应用于医疗、教育、服务等多个领域，而在艺术设计领域，人机协同更是催生了一系列独特且令人惊艳的合作成果，为人类创造力的拓展揭开了新的篇章。

图 6-5
GLM 大模型根据图片分析文物特色

在这一探索进程中，"价值对齐"是人机协作的关键所在。所谓价值对齐，即要求人工智能的行为与人类价值观保持一致。唯有如此，才能确保人工智能在为人类提供服务的同时，不会损害人类的利益，更不会出现失控的风险。

价值对齐的实现涉及政策、技术等多个层面，需要我们不断深入研究，加强跨学科合作，以寻求更加完善的解决方案。相信随着研究的深入，我们终将成功实现人机价值对齐，让人工智能真正成为推动人类社会进步的重要力量。

4. AI 设计伦理边界更加清晰，模型透明度可解释性增加

在本章的前两节中，我们探讨了人工智能在设计领域面临的伦理风险和数据安全风险。人工智能技术的快速发展和广泛应用，引发了公众对大模型数据安全和伦理问题的日益关注。人工智能作为人类智慧的结晶，其是否能作为道德主体，享有相应权利并承担相应责任，目前仍处于探索阶段。其伦理学构架需进一步完善，AI 安全和治理领域的国际合作也将迎来新的进展。

算法模型的透明性和可解释性，对于提升人工智能的公平性和获得公众信任至关重要。当前，人工智能伦理和数据安全问题的一个重要根源在于模型的黑箱特性，当大模型生成的内容偏离正面价值取向时，由于模型和算法的不透明性，我们往往难以了解其决策背后的逻辑和依据。未来随着人工智能解释工具的不断发展，技术公平规则、程序的持续完善，人工智能模型的安全性也将得到进一步提升，从而推动整个人工智能科技领域的持续发展。

思考

生成式人工智能在艺术创作领域取得了显著成果，请根据上述内容思考，我们在利用生成式人工智能创作时，怎么平衡好创作与伦理道德的关系？

延伸阅读

1. 针对生成式人工智能的数据安全，世界各国纷纷展开治理。欧盟在 2018 年成立了人工智能高级别专家组，并发布了一份关于人工智能道德准则草案，2021 年 4 月欧盟委员会提出了《人工智能法案》，直至 2024 年 2 月，该法案经过欧盟各国一致支持，这是全球人工智能监管的里程碑。美国对人工智能的监管以保护公民权利为基础，更强调人工智能技术发展；2020 年 1 月，成立了白宫国家人工智能计划办公室，发布了《人工智能应用监管指南备忘录（草案）》，针对政府以外人工智能系统提出了十项监管原则；2022 年 10 月，发布了《人工智能权利法案蓝图》，提出了保护公众核心权利的五项基本原则；2023 年 1 月，为了有效降低人工智能系统安全风险，提高系统可信度，美国国家标准与技术研究院公布了《人工智能风险管理框架》。和欧盟相比，美国同样倾向以风险分级方式进行监管，重视公民的合法权益，但明显不如欧盟监管严格。

2. 在使用生成式人工智能进行艺术创作时，有时候会产生暴力或歧视性内容等。2022 年清华大学于洋教授带领科研团队以 GPT-2、BERT、RoBERTa 模型为研究对象，评估其性别歧视水平，结果发现所有测试模型在进行职业性别预判时，都倾向于男性。产生这些内容的原因大多是由于训练集和算法缺陷，模型的训练以大量数据为基础，难以保证所有数据完全公正，不含任何歧视性内容。为了防止这类内容的生成，大模型会事先定义规则或给予奖励、惩罚强化监督学习，但由于算法限制不完善，仍有可能导致这类内容的出现。

参 考 文 献

[1] 高敬鹏.深度学习：卷积神经网络技术与实践 [M].北京：机械工业出版社，2020.

[2] 周志敏，纪爱华.人工智能：改变未来的颠覆性技术 [M].北京：人民邮电出版社，2017.

[3] 薛亚非，曾毓敏，徐琴.Python 与人工智能 [M].成都：电子科技大学出版社，2021.

[4] 张松慧，陈丹.机器学习 Python 实战 [M].北京：人民邮电出版社，2024.

[5] 宋楚平，陈正东.人工智能基础与应用 [M].北京：人民邮电出版社，2023.

[6] 薛志荣.AI 改变设计：人工智能时代的设计师生存手册 [M].北京：清华大学出版社，2019.

[7] 姚期智.人工智能 [M].北京：清华大学出版社，2022.

[8] 李德毅，于剑，等.人工智能导论 [M].北京：中国科学技术出版社，2018.

[9] Richard Szeliski.计算机视觉——算法与应用 [M].艾海舟，兴军亮，译.北京：清华大学出版社，2012.

[10] 冯建周.自然语言处理 [M].北京：中国水利水电出版社，2022.

[11] 李德毅，于剑，中国人工智能学会.人工智能导论 [M].北京：中国科学技术出版社，2018.

[12] 亨利·基辛格，埃里克·施密特，等.人工智能时代与人类未来 [M].北京：中信出版社，2023.

[13] 冯子轩.生成式人工智能应用的伦理立场与治理之道：以 ChatGPT 为例 [J].华东政法大学学报，2024，27（01）：61-71.

[14] 王佑镁，王旦，梁炜怡，柳晨晨."阿拉丁神灯"还是"潘多拉魔盒"：ChatGPT 教育应用的潜能与风险 [J].现代远程教育研究，2023，35（02）：48-56.

[15] 卢艺，崔中良.中国人工智能伦理研究进展 [J].科技导报，2022，40（18）：69-78.

[16] 谭九生，杨建武.人工智能技术的伦理风险及其协同治理 [J].中国行政管理，2019，（10）：44-50.

[17] 李亚玲，覃缘琪，魏阙.人工智能生成内容的潜在风险及治理对策 [J].智能科学与技术学报，2023，5（03）：415-423.

[18] 刘树锋.大数据和人工智能时代下数据安全的风险及应对策略 [J].网络安全技术与应用，2024，（02）：54-56.

[19] 郝立涛，于振生.基于人工智能的自然语言处理技术的发展与应用 [J].黑龙江科学，2023，14（22）：124-126.

[20] 刘京京，孙红远.AIGC时代下超写实数字人在影视行业的应用与发展 [J].黑龙江科学，2023，14（21）：155-158.

[21] 武夷山.艺术与科技的互相推动 [N].科普时报，2018-05-11（03）.

[22] 陈爱华.高技术的伦理风险及其应对 [J].伦理学研究，2006，（4）：95-99.

[23] 朱承璐.论数字藏品的著作权保护 [D].河南财经政法大学，2023.

[24] 2023 年世界十大科技进展新闻 [N].中国科学报，2024-01-12（03）.

[25] 王伟杰，刘源隆."数字人"赋能文旅产业加速迭代 [N].中国文化报，2023-10-31（01）.

[26] 钱红兵，苏超，杨艳.转型智媒体，理解人工智能是关键 [J].新闻战线，2021，（13）：85-87.

后 记

在本书的编写过程中，我们始终怀揣着对未来的憧憬与对当下的深切洞察。人工智能与设计的交集，已不再停留于理论探讨，而是实实在在地重塑着设计的每一个角落。本书希望引导读者紧握时代的脉搏，成为设计创新的推动者。

随着教育部将设计学定位为一级交叉学科，我们深刻意识到，一本能够系统整合人工智能与艺术设计知识的教材，对于培养跨学科人才至关重要。我们希望本书在传授技术知识的同时，能够激发学生的创新创意思维，培养他们成为既能掌握先进工具，又能深刻理解设计伦理与社会影响的复合型人才。本书内容编排坚持理论与实践并重的原则，在阐述人工智能基础理论的同时，还穿插了丰富的实践案例。

本书编写团队汇集了人工智能和艺术设计领域的专家、学者，以及高校的教研人员、一线骨干教师。他们拥有深厚的学术背景和丰富的实践经验，致力于为读者提供高质量内容和专业指导。董占军、顾群业和李广福参与了本书的统筹规划、大纲制订和内容的最终审核。书中第 1 章"绪论"由王亚楠编写，第 2 章"人工智能基础"由孟祥敏、土瑞霞编写，第 3 章"生成式人工智能"由轩书科编写，第 4 章"人工智能与设计变革"由王志强、傅连伟编写，第 5 章"AIGC 辅助设计应用与拓展"由李杨、王中宇编写，第 6 章"人工智能与设计伦理"由徐文玉编写，书中所附视频由秦蛟录制。本书得到了山东省高等教育学会高等教育研究重大课题（项目编号：SDGJ2022ZD3）、山东省社会科学规划研究项目（项目编号：23CWYJ21）资助，在此表示感谢！

本书的编写过程充满了挑战，但也收获颇丰。我们面临着如何平衡技术深度与普及度的难题，既要确保内容的专业性，又要使之易于理解和吸收。为此，编写团队进行了多轮讨论与修订，力求每一章节权威且不失可读性。此外，我们还密切关注行业动态，确保教材内容的时效性和前瞻性，力求让读者接触到最前沿的设计理念和技术应用。在编写过程中，团队参阅了国内外大量相关文献资料，参考的文献尽可能在教材中列出，如有遗漏，敬请谅解。受编者学识水平和能力所限，尽管历经数次修改，书中疏漏、不妥之处在所难免，我们真诚地欢迎广大读者提出宝贵的批评和指正意见。

编 者
2024 年 6 月